基于RT-LAB的
储能控制器参数辨识
与储能电站等值建模

国网宁夏电力有限公司电力科学研究院　组编

中国电力出版社
CHINA ELECTRIC POWER PRESS

内 容 提 要

本书根据多年来编者在 RT-LAB 半实物测试平台、储能控制器测试和储能电站建模的工程实践和研究经验，将基于 RT-LAB 的储能控制器测试、参数辨识、单机建模和储能电站等值建模的方法和操作详细且系统地整理总结。本书由 RT-LAB 半实物测试平台、电化学储能基本原理、储能控制器半实物测试、储能逆变器参数辨识与单机建模、储能电站等值建模、案例分析六章构成，形成层层递进、由浅入深的梯度。

本书按照文字讲述、图表展示、案例分析方式安排，形成立体观感，既能方便初学者从入门到精通，又能为具有一定基础的学习和研究人员提供技术帮助。本书可供从事 RT-LAB 半实物测试、储能控制器测试与建模、储能电站等值建模等领域研究和技术人员使用，也可为电气工程专业的师生在储能并网分析和仿真方面的学习和研究提供参考。

图书在版编目（CIP）数据

基于 RT-LAB 的储能控制器参数辨识与储能电站等值建
模 / 国网宁夏电力有限公司电力科学研究院组编.
北京：中国电力出版社，2025. 3. -- ISBN 978-7
-5198-9737-6

Ⅰ. TM62

中国国家版本馆 CIP 数据核字第 2025GR0731 号

出版发行：中国电力出版社
地　　址：北京市东城区北京站西街 19 号（邮政编码 100005）
网　　址：http://www.cepp.sgcc.com.cn
责任编辑：陈　丽（010-63412348）
责任校对：黄　蓓　常燕昆
装帧设计：郝晓燕
责任印制：石　雷

印　　刷：三河市航远印刷有限公司
版　　次：2025 年 3 月第一版
印　　次：2025 年 3 月北京第一次印刷
开　　本：710 毫米×1000 毫米　16 开本
印　　张：13.25
字　　数：214 千字
定　　价：80.00 元

编 委 会

前　言

    高占比新能源接入电力系统给电网的运行带来诸多不确定性，作为稳定新能源运行的重要角色，储能具有不可替代的关键作用。目前，电化学储能依然占据主导地位，电化学储能通过并网逆变器接入电网，而并网逆变器的非线性会给电网稳定运行带来新的问题，因此，需要建立储能逆变器和储能电站的准确模型以分析和评估储能电站的运行稳定性。基于 RT-LAB 半实物仿真平台的储能逆变器测试技术具有操作方便、安全性高和测试灵活性高等优点而被广泛应用于工程实际，但基于 RT-LAB 的储能控制器测试和储能电站建模方案需根据储能逆变器控制器厂家提供的资料搭建实时仿真模型和半实物测试模型等，要求对 RT-LAB 半实物仿真环境和相关技术掌握熟练。因此，编者结合过去几年在储能逆变器 RT-LAB 测试和储能电站建模的工程经验、相关技术知识编写了本书，以期能够为初学者或有一定基础知识的从业者提供技术帮助。

    本书在内容安排上循序渐进。首先详细介绍 RT-LAB 半实物测试原理和技术发展现状，阐述 RT-LAB 半实物系统的硬件架构、软件系统和基本功能等，为读者认识 RT-LAB 提供铺垫；然后，讲述了储能的发展概况、主要类型、基本原理和应用场景等，指出电化学储能依然占据储能领域主导地位，并对电化学储能并网逆变器的控制策略进行了详细介绍，使读者以充分的知识准备进入本书后续主题；在此基础上，介绍基于 RT-LAB 搭建电化学储能并网逆变器半实物测试环境的操作过程、储能并网逆变器测试工况、测试数据处理方法等，并介绍相关辅助工具，说明该过程可实现自动化操作；进一步讲述了储能并网逆变器的参数辨识和储能电站等值的原理和方法，并通过案例对储能并网逆变器参数辨识和储能电站等值方法进行分析和展示。本书结合文字、图、表等对所讲内容进行立体展示，内容丰满、条理清晰、层次分明，方便读者学习。

    本书共分六章，介绍了 RT-LAB 半实物测试平台、电化学储能基本原理、储能控制器半实物测试、储能逆变器参数辨识与单机建模、储能电站等值建模并进行了案例分析。

本书可供从事 RT-LAB 半实物测试、储能控制器测试与建模、储能电站等值建模等领域研究和技术人员使用，也可为电气工程专业的师生在储能并网分析和仿真方面的学习和研究提供参考。

由于编者水平有限，书中不妥之处在所难免，敬请读者批评指正。

作者

2024 年 10 月

目 录 ---------------▷

1 基于 RT-LAB 的硬件在环仿真技术

1.1 RT-LAB 平台介绍

1.1.1 RT-LAB 实时仿真系统简介

在一个统一的开发平台上实现从系统与控制模型开发，快速控制器原型、模型仿真、硬件在环验证直到系统级半实物交联试验，能帮助系统开发工程师加快开发研制进度，减少开发风险并提高工作效率。RT-LAB 实时仿真系统就是这样一种基于模型的仿真与测试一体化应用平台。RT-LAB 实时仿真系统是加拿大Opal-RT 公司开发的一套实时仿真系统。旨在帮助从事动力学控制系统研制、嵌入式软硬件开发与测试的客户便利有效地实现从模型仿真到全系统验证试验的系统开发过程。通过 RT-LAB，工程师可以直接将利用 MATLAB/Simulink 建立的动态系统数学模型应用于实时仿真、控制、测试以及其他相关领域。RT-LAB 是一种全新的基于模型的工程设计应用平台。工程师可以在一个平台上实现工程项目的设计，实时仿真，快速原型与硬件在回路测试的全套解决方案。RT-LAB 的应用为基于模型的设计思路带来了革命性变化。由于其开放性，RT-LAB 可以灵活地应用于任何工程系统仿真与控制场合，其优秀的可扩展性能为所有的应用提供一个低风险的起点，使得用户可以根据项目的需要随时随地对系统运算能力进行验证及扩展，不论是为了加快仿真速度，或者是为满足应用的实时硬件在回路测试的需要。

RT-LAB 是一个分布实时仿真软件平台，是低成本的工程师硬件在环实时仿真建模平台。它的灵活性和可扩展性使其能有效地解决各种复杂仿真和控制问题，能够在很短的时间内、以很低的花费，通过对进行工程仿真或者是对实物在回路的实时系统建立动态模型，使得工程系统的设计过程变得更加简单。RT-LAB 实时仿真系统具有广泛的适用性，不论实时硬件的回路应用，还是快速模型的控制和测试，系统的灵活性使得 RT-LAB 能够被广泛应用于最复杂的仿真和控制问题。为了达到理想的性能，RT-LAB 通过分立目标机、超低反应时间通信对高度复杂的分布式网络模型进行仿真。此外，RT-LAB 的模型化设计使得用户仅需提供应用模型即可完成系统最小化经济要求，这在大量的嵌入式应用中尤为重要，因而，RT-LAB 也被广泛应用于快速原型开发、实时硬件在环控制和测试。

1.1.2 RT-LAB 的硬件构成

RT-LAB 的实时仿真机包括 OP4510、OP5600 和 OP5700 三种。根据不同的需求，用户可选择不同型号的仿真机配置。所有仿真机 I/O 信号的设置类型包括模拟输出（analog output，AO）、模拟输入（analog input，AI）、数字输入（digital input，DI）和数字输出（digital output，DO）。AO 信号一般用于仿真模型需要向控制器输出模拟信号的情况，如模拟电压信号和模拟电流信号等，AI 信号一般用于控制器向仿真模型输入模拟信号，DI 信号一般用于控制器向仿真模型输入数字信号，如在变流器控制中的脉冲宽度调制（pulse width modulation，PWM）信号，DO 信号一般用于仿真模型向上位机或控制器输出数字信号，如上位机需要检测仿真模型中的继电器是否闭合或断开时，需要仿真模型向上位机输出一个状态检测信号等。

图 1-1 展示了 OP5600 仿真机的图片，OP5600 是一款强大的实时仿真机，其处理器最多可配置高达 32 核心的 INTEL 处理器，处理器的频率可达 3.0GHz。OP5600 的操作系统是 Linux REDHAT，是一种实时操作系统。OP5600 可支持多达 8 块 I/O 板卡、128 路模拟量 I/O 通道或者 256 路数字 I/O 通道。仿真机前面板有 I/O 监控接口，可监控所有 I/O 信号，I/O 信号可通过光纤接入到示波器进行观测，后面板有 DB37 接口，最多可通过 4 个 PCI 插槽将 DB37 接口上的信号引入或引出。OP5600 是基于现场可编程门阵列（field-programmable gate array，FPGA）实现仿真模型运算的，使用的芯片为 Spartan-3 FPGA（见图 1-2）或 Virtex-6 FPGA。Xilinx SPARTAN-3 FPGA 的 I/O 接口包含 8 个设置组（32 路的数字 I/O 或者 16 路的模拟 I/O），通过 8 个设置组的设置，可实现支持不同的 I/O 组合，具有高度的灵活性，对模拟量 I/O 和数字量 I/O 进行定制化管理，最多可支持 256 路数字 I/O，Spartan-3 FPGA 的采样频率为 100MHz，可满足风

机、光伏、储能等仿真模型的运算需求。

图 1-1　OP5600 仿真机的实物图　　　　图 1-2　Spartan-3 FPGA 实物图

Virtex-6 FPGA 的实物如图 1-3 所示，其 I/O 接口包含 6 个设置组（32 路的数字 I/O 或者 16 路的模拟 I/O），通过 6 个设置组的设置，可实现支持不同的 I/O 组合，也具有高度的灵活性，可对模拟量 I/O 和数字量 I/O 进行定制化管理，最多可支持 192 路数字 I/O，Virtex-6 FPGA 的采样频率为 100MHz 或者 200MHz，其运算能力比 Spartan-3 FPGA 的运算能力高，可应用于对计算速度要求更高的仿真模型验证和测试实验中。

下位机实物如图 1-4 所示，包括供电电源、CPU、硬盘和 RAM。供电电源为 CPU、硬板和 RAM 及其他部分供电，为了在故障或损坏时方便维修和更换，采用独立供电电源,供电电源与其他部件之间不存在集成关系。仿真模型运行在 CPU 上，硬盘为仿真模型运行过程中给产生的数据提供存储空间，同时还可对仿真模型进行保存和记录。

图 1-3　Virtex-6 实物图　　　　　　图 1-4　下位机实物图

图 1-5 为 I/O 模块卡槽实物图。OP5600 仿真机 I/O 信号的设置类型包括模拟输出（AO）、模拟输入（AI）、数字输入（DI）和数字输出（DO）。

图 1-5　I/O 模块卡槽实物图

模拟扩展卡包括 OP5330 和 OP5340 两个型号，OP5330 模拟扩展卡具有 16 路单端模拟输出通道，每个通道的精度可达 16bits，电压范围为±16V，模拟信号的转换时间为 1μs。每个模拟扩展卡具有 16 路单端模拟输出通道，每个通道的精度可达 16bits，电压范围为±16V，模拟信号的转换时间为 1μs。OP5340 模拟扩展卡，具有 16 路单端模拟输入通道，每个通道的精度可达 16bits，电压范围为±20V，模拟信号的转换时间为 0.5μs 或 2.5μs。

如图 1-6 所示，安装在卡槽中的模块，其 I/O 信号可通过机箱上的光纤接口输出到上位机或控制器中，同时，上位机下发的指令也可通过光纤接口传递给 OP5600 内部的仿真模型中，根据以上原理构成一个信号闭环回路，实现仿真模型的闭环控制。

图 1-7 展示了 OP5700 仿真机的实物图，其处理器最多也可配置高达 32 核心的 INTEL 处理器，处理器的频率为 3.0GHz。与 OP5600 一样，OP5700 仿真机的操作系统是 Linux REDHAT。OP5700 仿真机可支持多达 8 块 I/O 板卡、128 路模拟量 I/O 通道或者 256 路数字 I/O 通道。如图 1-8 所示，前面板有 I/O 监控接口，可监控所有 I/O 信号，后面板有 DB37 接口，4 个 PCI 插槽，可支持第三方 I/O 板卡。OP5700 仿真机也是基于 FPGA 实现仿真模型运算的，使用的 FPGA 芯片为

Xilinx VIRTEX-7。

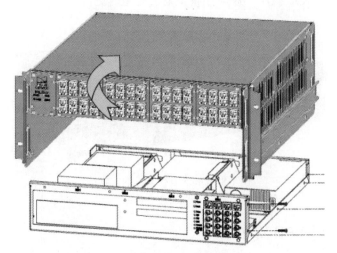

图 1-6　OP5600 机箱结构示意图

图 1-7　OP5700 仿真机的实物图

OP4510 仿真机的实物图如图 1-8 所示，搭配 3.3GHz QuadCore 处理器，操作系统为实时操作系统 Linux REDHAT，FPGA 的型号为 Xilinx KINTEX-7。OP4510 总共有 4 个 I/O 模块，16 路独立的模拟输入通道，16 路独立的模拟输出通道，32 路对的数字输出通道，32 路独立的数字输入通道，在 OP4510 仿真机的背部有 DB37 连接器以及 4 个可选择的 5-Gbps SFP 接口。Xilinx KINTEX-7 的 I/O 交互界面拥有 4 个可配置组，支持 32 路数字输入输出或者 16 路模拟输入输出，同一块 FPGA 板卡可支持多端 I/O 的组合，I/O 配置极为灵活，可进行 I/O 管理和模型运行，最高可支持 132 路 I/O 管理（OP4510 仿真机仅支持 96 路），采样频率为

200MHz。OP4510 仿真机的目标机有硬盘、供电电源、内存和 CPU 构成，OP4510 仿真机采用固态硬盘驱动，数据存储和记录的速度更快。

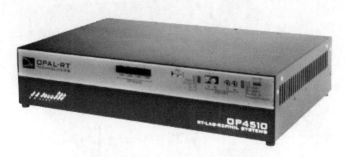

图 1-8　OP4510 仿真机的实物图

1.1.3　RT-LAB 软件介绍

RT-LAB 是加拿大 Opal-RT Technologies 推出的一套工业级的系统实时仿真平台软件包，如图 1-9 所示。RT-LAB 是一个分布式实时平台，它能够在很短的时间内、以很低的花费，对工程仿真或实物回路的实时系统建立动态模型，使工程系统的设计过程更加简单。通过开放、可扩展的实时平台 RT-LAB，工程师可以直接将 MATLAB/Simulink 建立的动态系统数学模型应用于实时仿真、控制、测试以及其他相关领域。

图 1-9　RT-LAB 软件

RT-LAB 软件操作界面如图 1-10 所示。通过软件，用户可以打开相应版本的 MATLAB，利用其中的模型库对半实物仿真系统的数字模型部分进行搭建。除此

6

之外，RT-LAB 软件可完成对模型的编译，并将模型下载至仿真机，配合真实的控制器即可进行 HIL 仿真测试。

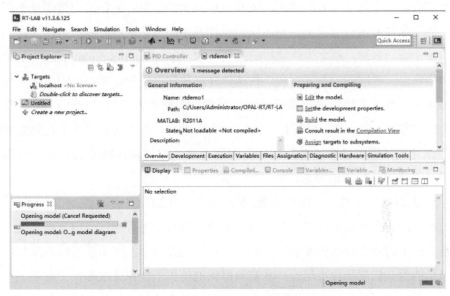

图 1-10　RT-LAB 软件操作界面

1.2　半实物仿真介绍

1.2.1　半实物仿真发展及原理

半实物仿真是一种实时仿真技术，它将被仿真对象的一部分以实物（或物理模型）方式引入仿真回路，被仿真对象的其余部分以数学模型描述，并把它转化为仿真计算模型。半实物仿真的目的是提高仿真的效率和可信度，缩短开发周期，降低测试成本和风险。

实时半实物仿真包括快速控制原型（采用"虚拟控制器+实际对象"方式）以及硬件在环（采用"实际控制器+虚拟对象"方式）两种形式。快速控制原型技术源自制造业中的快速原型技术（rapid prototyping，RP）。早期快速原型的主要思想是利用虚拟的环境来设计产品，缩短开发周期，降低开发成本。而且对于更新换代比较频繁的产品，RP 技术可提升更新的频率，也节省了更新所需的费用。发达国家已在汽车、医疗、航空航天等领域广泛应用该项技术。20 世纪末，我国开始关注这项新的技术，初期引进国外研究成果为主，后期自主创新。走在 RP 技术前列的是国内几家知名的家电企业，他们先后采用自主研发的 RP 系统来开发新产品，均收到了良好的效果。随着 RP 技术的发展，它的应用范围也不断扩大，当这项技术被引进电子控制系统的设计及控制算法的实时测试后，人们赋予了它一个新的名称，称之为快速控制原型技术（rapid control prototyping，RCP）。具体指在设计控制器的初期阶段，快速地建立控制器模型，参与控制实际对象，通过多次离线及在线的试验来验证控制系统软、硬件方案的可行性。RCP 继承了 RP 技术的各项优点，缩短开发周期，节约成本。由于它是建立了控制器的模型，在开发早期可减少或消除控制器可能会出现的错误，降低物耗同时也有利于产品更快地适应新的要求。

通过 RCP 技术设计出的控制器，必须先进行详细的测试，然后才能投入运行。传统的方法是在真实的环境下或面对真实的控制对象进行测试，但是这么做有很多缺点：①需要长时间的实验，无形中增加了开发成本；②由于环境的限制，无法测试能否在极端条件下运行；③实验得到的结果不能保证准确性，而且不利于分析。所以需要对传统方法进行改良，并慢慢演变成了当今的方法：为了测试控制器的准确性和可靠程度，用真实的控制器连接虚拟化的控制对象的数学模型，两者联合进行仿真测试，这种方法称为硬件在环（hardware in loop，HIL）仿真，如图 1-11 所示，在上位机中基于软件进行数字化模型建立并利用实时仿真机运行模型，使用真实控制器与实时仿真机交互完成对系统的控制，这是本书重点介绍的半实物仿真技术。

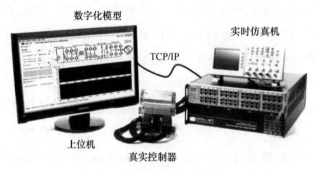

图 1-11　半实物仿真系统

HIL 系统主要由硬件平台、实验管理软件和实时软件模型组成。硬件平台主要用来采集和处理各种信号，构建一个基本通信平台，保证通信的可靠性，并且提供丰富的 I/O 接口提升其扩展性。在硬件平台的基础上，实验管理软件主要完成管理硬件配置，提供测试命令，创建可视化交互界面及自动测试等工作。实验管理软件的存在提升了整个半实物仿真平台的易用性，同时也是连接硬件平台和软件平台的桥梁。实时软件模型提供各种各样的对象的软件模型，配合硬件平台来完成半实物仿真。本书介绍的 HIL 仿真模型的构建是基于 MATLAB 的 Simulink 模型库，作为一种常用的实时软件模型，它的应用范围主要是 MATLAB 为主的纯数字仿真，当需要进行 HIL 系统的建立时，需要 RT-LAB 软件进行配合使用。

1.2.2　半实物仿真现状

目前成熟的半实物仿真平台还是以国外的研发公司为主，此处介绍两个常用的半实物仿真平台。

1.2.2.1　dSPACEB

德国 dSPACE 公司与美国 MathWorks 公司合作开发了一套基于 MATLAB/Simulink 的控制系统的 dSPACE 实时仿真系统，用于半实物仿真，该平台的应用范围包括传动系统、电力驱动控制和线控技术应用等。它提供全面的软件和硬件支持，除了标准 I/O 外，某些配置版本的 MicroAutoBox 还带有 FPGA 功能，可满足将特定应用的 I/O 扩展及用户可编程的 FPGA 应用。

dSPACE 平台是一个包含硬件和软件的完整的半实物仿真平台。硬件方面，它拥有高速且运算能力强大的处理器，外围配备了可扩展的 I/O 接口，可根据用户的需求使用；软件方面，支持 MATLAB/Simulink/RTW 的建模，拥有功能丰富且强大的开发工具，可自动生成代码，完成下载和调试。dSPACE 平台在快速控制原型仿真这方面已经得到了很多客户和业内专业人的赞誉，但是它也有缺点，比如需要扩展 I/O 接口时，不支持其他厂商的板卡，这就使得整个平台不够灵活，同时平台本身价格昂贵，仿真应用受到局限。

1.2.2.2　RT-LAB

加拿大的 Opal-RT 公司是最早涉足半实物仿真领域的公司之一。该公司出品的半实物仿真系统 RT-LAB 以 COTS 技术为核心，采用便于扩展的 Host/Target 结构。和 dSPACE一样，RT-LAB 也是软硬件兼具的完整半实物仿真平台。硬件方面，仿真处理器之间采用 FireWire 总线连接，且支持各种工业标准；软件方面，Opal-RT

公司开发了一个专口用于运行仿真的实时操作系统，名为 QNX，而且 RT-LAB 不仅支持 MATLAB/Simuink，而且支持 MATRIX/SystemBuild，给用户提供了多种解决方案。RT-LAB 支持多种仿真方式，括物理半实物仿真、离线分布式仿真以及实时嵌入式系统分布式仿真。RT-LAB 仿真系统具有以下优点。

（1）开发仿真模型效率高。RT-LAB 实时仿真系统可完全与 MATLAB/Simulink 集成，所有为 RT-LAB 准备的模型都能够在已有的动态系统模型环境中完成。通过使用这些工具，用户的经验也会相应的提高。RT-LAB 完全集成第三方建模环境以及用户代码库，支持 StateFlow、Simscape、CarSimRT、PLECS、AMESim、Dymola 的模型，以及 C、C++的合法代码。

（2）在线仿真速度快。RT-LAB 提供的工具能够方便地把系统模型分割成子系统，使得在目标机上能够并行处理。通过这种方法，如果仿真模型不能在单处理器上运行实时运行，RT-LAB 能提供多个处理器共享一个负载的方法来实现高效率实时在线运行。在执行仿真任务期间，RT-LAB 为处理器间的通信提供无缝对接，可以在目标机之间混合使用任何 UDP/IP，共享内存以及无限带宽协议进行数据的低反应时间通信。用户也可以使用 TCP/IP 和主站上的模型进行实时互动。RT-LAB 集成了 Opal-RT 的 OP5000 硬件接口设备，具有 $1/10^9$s 的精确定时和实时性能。RT-LAB 的 XHP（超高性能）模式允许用户能够以非常快的速度在目标机上计算实时模型，使得用户能够运行比分布式处理器更复杂的模型，运行时间周期可低于 10μs。在一个时间步长内，系统不仅计算动态模型，而且管理任务，如读写 I/O、刷新系统时钟、传输数据以及处理通信，虽然这限制了一帧内用于模型计算的时间量，进而限制了单处理器上能够计算的模型大小，但 RT-LAB 在保证完成功能的情况下，能把非硬件计算部分降低到最小，提高计算 RT-LAB 计算大规模、复杂模型的能力。

（3）用户体验度高。RT-LAB 具有丰富的应用程序接口（application programming interface，API），可为用户开发出需要的在线应用，使用诸如 LabVIEW、C、C++、Visual Basic、TestStand、Python and 3D virtual reality 等工具轻松地创建定制的功能和自动测试界面。RT-LAB 是第一个完全可测量的仿真和控制包，用户能够分割模型，并在标准 PC、PC/104s 或者 SMP（对称式多处理器）组成的网络上并行运行。使用标准以太网（IEEE1394）进行通信，通过共享内存、无限带宽协议（DolphinSCI）信号线或者 UDP/IP 进程间通信，为信号和参数的可视和控制提供丰富的接口。

在 RT-LAB 的可视化界面和控制面板中，用户可以动态地选择所要跟踪的信号，实时修改任何模型信号或参数。除此之外，RT-LAB 还支持广泛的 I/O 卡，所支持的设备超过 100 种。RT-LAB 也支持诸如 NI、Acromagm、Softing、Pickering 以及 SBS 等主流生产厂家所生产的板卡。RT-LAB 是唯一的实时仿真框架，可提供两种高性能实时操作系统，具有高性能、低抖动的优化硬件实时调度程序。

1.2.3　RT-LAB 半实物仿真基本概念

1.2.3.1　子系统及其分组

子系统（subsystem）将一系列模块封装在同一个模块中，如图 1-12 所示。通过分组可简化模型、建立层次式原理图、聚合功能化模块。在 RT-LAB 仿真系统中，设置子系统有两个目的：①区别计算系统及用户界面；②给不同计算子系统分配 CPU 核。在 RT-LAB 中，运行的 Simulink 模型，其顶层只能存在子系统。

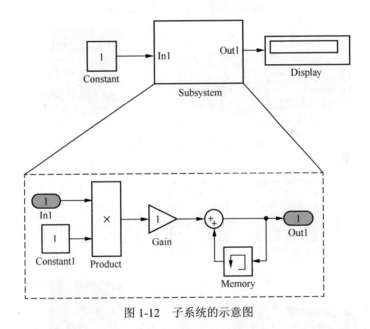

图 1-12　子系统的示意图

子系统可分为实时子系统和非实时子系统。实时子系统将在目标机的 CPU 核上实时运算，非实时子系统将在上位机电脑上显示，实时子系统与非实时子系统之间的数据通过 TCP/IP 链路进行异步交换。

11

如图 1-13 所示，SM_computation 子系统是一个实时子系统，SC_GUI 是一个非实时子系统，SM_computation 子系统与 SC_GUI 子系统通过 TCP_IP 链路进行数据的异步交换。子系统分组可为不同的子系统分配 CPU 核，模型可以分在不同的子系统中，模型中每个子系统将在实时目标机的一个 CPU 核上运行，两个计算子系统之间的数据通过共享存储器进行同步交换。如图 1-14 所示，SS_computation2 子系统作为一个实时子系统，被分配到一个 CPU 核上运行，SM_computation1 作为另一个实时子系统，被单独分配到另外一个 CPU 核上运行，SS_computation2 实时子系统与 SM_computation1 实时子系统的数据共享存储器以便进行同步交换，SC_GUI 非实时子系统与实时子系统 SS_computation2 和 SM_computation1 之间的数据交换是异步进行的。

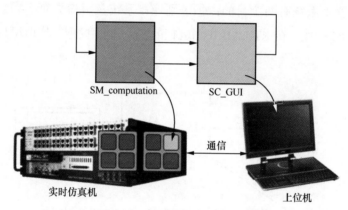

图 1-13   子系统的分组示意图

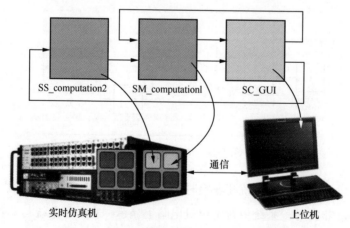

图 1-14   实时子系统数据同步共享的示意图

给非实时子系统命名的规则为 SC_×××，非实时子系统包含用户模块、示波器、显示器、手动开关、常数，从计算子系统引出来，在 PC 上位机上运行，与下位机 CPU 核没有联系，不能有信号生成、不能有复杂的数学运算及物理模型。实时子系统包含模型中所有的运算部分、数学运算、I/O 模块、信号发生器、物理模型等，主级系统有且只有一个实时子系统，实时子系统的命名规则是 SM_×××，使用一个 CPU 核，次级运算子系统可以命名为 SS_×××，可以有一个或者多个次级子系统。

因此，可以归纳结论为：在 RT-LAB 模型顶层中只允许有一个主系统，非实时转系统 SC_×××用来做控制界面，实时子系统 SM_×××和 SS_×××系统用来运算，一个 CPU 核只能执行一个运算系统，实时计算子系统间的通信是同步的，实时运算系统和非实时系统间的通信是异步的，各系统间的信号可以是标量也可以是矢量，但信号必须是 double 类型。

1.2.3.2　OpComm 模块

OpComm 模块负责各个实时运算系统之间、实时运算系统和非实时子系统之间的通信，RT-LAB 安装后，在 RT-LAB 模块库中可以找到 OpComm 模块，如图 1-15 所示。所有系统中，如 SM、SS、SC 的信号输入必须要先通过 OpComm 模块，否则相连的信号不能运行。

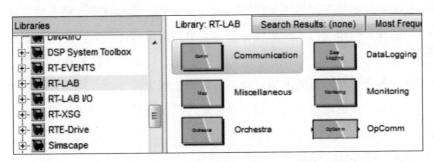

图 1-15　RT-LAB 系统的 OpComm 模块

必须在子系统创建和重命名（SS_×××/SM_×××/SC_×××）之后才能插入 OpComm 模块。OpComm 模块可以接收多输入信号，双击模块可选择需要输入的信号数目，信号可以是标量也可以是矢量。在运算子系统中（SM_×××/SS_×××），OpComm 模块从其他运算系统中接收的是实时同步信号，OpComm 模块从 GUI 系统（GUI 系统为非实时子系统）中接收的是异步信号。在大多数情况下，一个 OpComm 模块就够仿真模型使用，也可以插入更多的 OpComm 模块（最多 25 个）用以接收来自实时子系统的信号，多输入的 OpComm 模块可以根据数据接收时的参数定义特定的接收组。

1.2.3.3 最大化并行运算

并行计算是相对于串行计算来说的。串行计算是不将任务进行拆分，一个任务占用一块处理资源，并行计算则不同。首先，并行计算可以划分成时间并行和空间并行。时间并行就是流水线技术，空间并行使用多个处理器执行并发计算。目前以研究空间并行为主。从空间并行的角度来说，并行计算将一个大任务分割成多个子任务，每个子任务占用一定处理资源。并行计算中不同子任务占用的不同的处理资源来源于同一块大的处理资源。换一个说法，就是将一块大的处理资源分为几块小的处理资源，将一个大任务分割成多个子任务，用这些小的处理资源来单独处理这些子任务。并行计算中各个子任务之间是有很大联系的，每个子任务都是必要的，其结果相互影响。

分布式计算可以看做是一种特殊的并行计算。分布式计算也是将一个大的任务分成几个子任务，不同子任务占用不同的处理资源。不过分布式计算的子任务之间并没有必然联系（互不相干），不同子任务独享自己的一套单独的计算系统。跟并行计算的不同点在于，分布式计算的子任务具有独立性，一个子任务的运行结果不会影响其他的子任务，所以分布式计算对任务的实时性要求不高，且允许存在一定的计算错误（每个计算任务有多个参与者进行计算，计算的结果需要上传到服务器后进行比较，对结果差异大的进行验证）。分布式计算是将大任务化分为小任务，各台参与计算的电脑之间是在物理地域上的分布，一般有服务器作为"中央"，参与计算的电脑不用了解工作原理，仅仅只是就自己感兴趣的项目做贡献而已。

1.2.3.4 RT-LAB I/O 配置

在图 1-16 所示的数字输出（DigitalOut）模块中，Slot 表示 I/O 的组，Slot 2 表示 I/O 的第 2 组，Module 表示 I/O 的单元，每个 I/O 模块有两个单元，分为 A 单元和 B 单元，Module B 表示 B 单元 I/O 端口，8 路信号组成一个单元，每单元 2 组模块，第一单元从 0 通道到 7 通道，第二单元从第 8 通道到第 15 通道，每单元有 4 组模块，即 0～7 通道构成第一个模块，8～15 通道构成第 2 个模块，16～23 通道构成第 3 个模块，24～31 通道构成第 4 个模块。

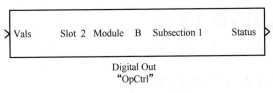

图 1-16　DigitalOut 模块

OpCtrl 模块（见图 1-17）是一种 FPGA I/O 管理模块，OpCtrl 模块可解决同步问题，可对内部参数进行设定。针对每一块实际 FPGA 板卡，OpCtrl 模块必须嵌入到模型中。

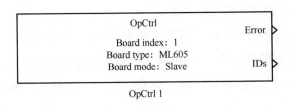

图 1-17　OpCtrl 模块

在一个完整的 RT-LAB 半实物仿真模型中，必须配置模拟量输入、数字量输入、模拟量输出和数字量输出 I/O 端口，端口的个数应根据用户模型的具体需求进行配置。图 1-18 所示的所有 I/O 端口配置模块均可在 RT-LAB I/O>> Opal-RT >> Common 路径下找到。

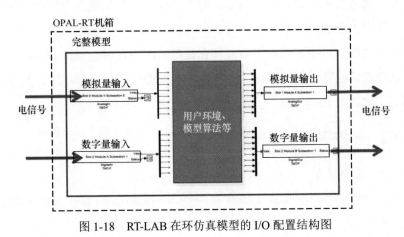

图 1-18　RT-LAB 在环仿真模型的 I/O 配置结构图

1.3 全数字实时仿真技术

1.3.1 全数字实时仿真原理

全数字实时仿真技术是一种利用计算机和数字信号处理器（DSP）实时仿真系统动态行为的技术。其核心在于实时性，即仿真系统能够在与真实系统相同的时间尺度内执行和响应。这意味着仿真结果是以实际时间步长更新的，无论是控制系统、电力系统，还是机械系统，其仿真都需要在规定的时间周期内完成，确保仿真结果可以与实际物理过程同步。

实时仿真技术通常包括软件和硬件两个部分，软件用于建立仿真模型，硬件则用于执行这些模型，确保其能够以足够快的速度运行以满足实时要求。数字仿真器中的 DSP、FPGA（现场可编程门阵列）以及高性能计算单元都是关键组件。

全数字实时仿真技术的原理可以理解为通过数字信号处理器和其他高性能计算硬件，以非常高的速度进行模型计算，从而使计算过程与实际系统运行过程同步。仿真系统在每个时刻步长内执行计算，生成的输出信号用于驱动下一个时间步长的输入，直到完成整个仿真过程。实时仿真要求在极短时间内完成复杂的数学运算，因此对仿真模型的优化和硬件的高效利用至关重要。通常，这些仿真涉及连续和离散系统的求解，要求将复杂的数学模型（例如微分方程）离散化，然后在数字平台上求解。

在电力系统仿真中，仿真平台能够在模拟故障条件时生成准确的电压和电流波形，这些波形能够实时地馈送到继电器中，使得仿真系统能够测试继电器的响应时间和正确性。

1.3.2 全数字实时仿真基本概念

1.3.2.1 系统设置

RT-LAB 全数字实时仿真无需实际控制器，RT-LAB 实时仿真平台分为上位机（人机交互）和下位机（实时仿真计算）两部分（见图 1-19）。上位机运行 Windows 操作系统以及 RT-LAB 软件包，完成仿真的建模过程；下位机使用 OP5600 型实时仿真器，编译模型实现实时仿真。这样的功能分块规则使主回路被分割成多个并行的系统，运行在不同的 CPU 上，计算量降低从而实现实时仿真。

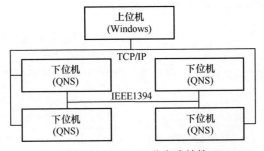

图 1-19　RT-LAB 分布式结构

　　用户在 RT-LAB 平台上打开模型后，需要将模型下载到仿真机中去，此时，需要在 RT-LAB 软件中添加模型需要下载到仿真机的 IP 地址，如图 1-20 所示，鼠标放在 Targets 上，然后点击右键，可以通过 New 新建一个目标机的 IP 地址，也可以通过 Discover targets 自动搜寻仿真机的 IP 地址。此处，需要说明的是，通过 Discover targets 自动搜寻仿真机 IP 地址的前提是"仿真机与安装 RT-LAB 的电脑之间已经事先通过光纤或其他方式链接"，否则，即使用户用鼠标点击了 Discover targets，在 RT-LAB 软件上也搜寻不到仿真机的 IP 地址。

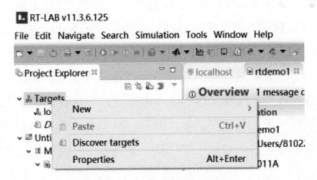

图 1-20　添加目标机 IP 地址

　　如图 1-21 所示，在实时仿真平台（Real-time platform）进行选择，在 Real-time platform 后面的信息栏中，可选择目标平台（Target platform）包括 Windows、OPAL-RT Linux（x86-based）、OPAL-RT Linux（x64-based）、Petalinux（ARMv7--based）

四种类型。如图 1-22 所示，用户还可对 RT-LAB 仿真机的实时仿真模式（Real-time simulation mode）进行选择，在 Real-time simulation mode 后面的信息栏中，用户可选择的实时仿真模式种类包括 Simulation、Simulation with low priority、Software synchronized 和 Hardware synchronized 四种。

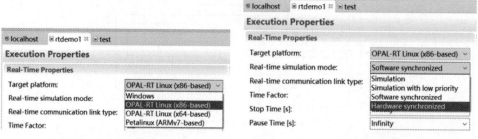

图 1-21　Target platform 选项　　　　图 1-22　Real-time simulation mode 选项

如果选择 Simulation 模式，则表示 RT-LAB 工程在仿真模式下运行，没有将仿真的物理模型下载到仿真机中；如果用户选择 Simulation with low priority，则表示 RT-LAB 模型选择了低优先度的仿真模式；如果用户选择 Software synchronized，则表示 RT-LAB 模型运行在软件同步模式；如果用户选择 Hardware synchronized，则表示 RT-LAB 模型运行在硬件同步模式。

1.3.2.2　模型设置

全数字实时仿真模型需要建立 CPU 模型，同样分为 SC 子系统和 SM 子系统（见图 1-23）。CPU 模型其内部主要包括模拟输出（analog output，AO）模块、数字输出（digital output，DO）模块、控制电路数学模型、信号录波等。

全数字实时仿真无需进行控制器和仿真机的信号交互，在模型内部可以通过设置采样进行数据收集。采样工作的基本原理是：在运行的模型中，将在每个步长中获取的数值存入第一个寄存器中，如图 1-24（a）所示。当第一个寄存器装满时，告诉发送端进行发送，如果可能，第一个寄存器将会被输送到用户界面，如图 1-24（b）所示。同时，下一个寄存器进行工作。但是不会被发送端发送出去，如图 1-24（c）所示。发送端在后台运行，此时第一个寄存器已经被发送出去。等待着第二个寄存器存满，如图 1-24（d）所示。当第二个寄存器准备就绪后，告诉发送端发送，如果可能，发送到用户界面，如图 1-24（e）所示。同时，下一个寄存器准备存取数据，如图 1-24（f）所示，如此以往。

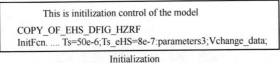

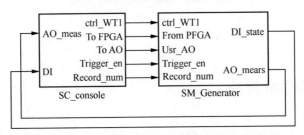

图 1-23　CPU 模型

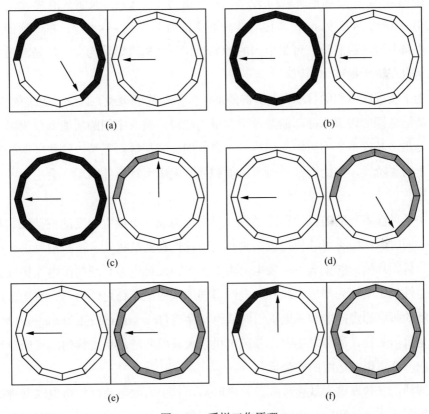

图 1-24　采样工作原理

（a）第 1 步；（b）第 12 步/第 1 框架；（c）第 15 步；（d）第 20 步；
（e）第 24 步/第 20 框架；（f）第 27 步

采样和传输参数仅仅影响用户界面，并不影响模型运行。

2 储能发展概况

2.1 储能需求背景

2024 年中国一次能源消费总量达 59.7 亿 t 标准煤，煤炭消费量约 48.5 亿 t，产量约 47.4 亿 t；石油消费量约 7.5 亿 t，产量约 2.14 亿 t；天然气消费量约 4300 亿 m³，产量约 2493 亿 m³，非化石能源消费量约 11.7 亿 t 标准煤，占一次能源消费比重将首次超越石油。可见中国的能源结构虽然仍以煤炭为主，但是清洁能源的比重也在逐年提高。

为了实现碳中和的目标，中国需要加快能源结构的调整，减少对煤炭的依赖，增加清洁能源的比重，提高能源效率和节约能源消费。中国的新能源以太阳能和风能为主，其次是生物质能、地热能、海洋能、氢能等新能源，这些能源的发展还处于初级阶段，占比较低。而当风能和光伏发电大规模并网后，会出现一系列的问题。

由于风能本身的随机性和波动性，风电出力表现出很大程度的波动性和不确定性；同时风能的不可控使得风电具有弱致稳性和弱抗扰性。在我国风电大规模开发、远距离输送的模式下，风电出力的上述特性对电力系统的供电充裕性和运行稳定性的影响更为严重；此外，电网薄弱地区的电压稳定性问题、有功备用不足电网的频率稳定问题和风电机组的低电压穿越（low voltage ride through，LVRT）问题也值得关注，故障发生时，若风电机组大规模同时从系统解列，可能导致连锁反应，严重影响电网的安全运行。

同样，光伏发电大规模接入公共电网后，其出力的波动性使得电网常规的调度及控制策略难以适应，电网自身的运行调整与控制能力被削弱给电网安全稳定运行带来新问题。

根据目前相关学者研究，新能源出力缺乏可控性是根本原因，风电、光伏等出力的波动性和不确定性使得电力系统的稳定运行面临严峻的挑战。对新能源发电出力进行有效控制，改善出力特性将其变为可调度的电源，成为解决上述问题的关键。储能作为能量的转换手段，提供了能量高效利用和灵活转换的方式，可以在一定程度上改善可再生能源电源的出力特性，为新能源大规模并网问题的解决提供了途径。

在风电电力系统中，储能技术可以提高含风电电力系统的运行稳定性、改善电能质量、平抑功率波动、提高风电系统的低电压穿越能力。提高电力系统稳定性的根本措施在于改进系统的瞬时功率平衡水平，储能系统能够响应有功功率及无功功率需求，改善系统的瞬时功率平衡水平增强运行的稳定性。对于储能技术平抑风电出力波动，目前的研究包括风电场和风电机组两个层面。

在风电穿透功率较高的电力系统中，LVRT 是影响电力系统稳定的关键因素之一。有 LVRT 功能的风电机组并网能有效解决并网中产生的电压稳定性问题，有利于系统稳定性的增强。储能系统在提高风电机组低电压穿越能力的研究主要集中于储能系统的选择和控制策略的设计两个方面。

对于光伏系统，光伏储能的特点可以解决光伏发电的难点。在负荷低谷时，储能系统可将光伏发电系统输出的电能用蓄电池储存；在负荷高峰时，释放储存的电能，减少对电网的压力；在电网故障时，太阳能可继续发电，切换到离网模式并继续给负载供电，可以实现用电中的削峰填谷，根据不同用户的用电规律，合理地、有计划地安排和组织用电时间，以降低负荷高峰、填补负荷低谷，减小电网负荷峰谷差，使发电、用电趋于平衡。

新型储能是建设新型电力系统、推动能源绿色低碳转型的重要装备基础和关键支撑技术，是实现碳达峰碳中和目标的重要支撑。

根据储能技术的原理及存储形式差异可将储能系统分为电气式储能、机械式储能、电化学储能、热能式储能、氢储能等。

电气式储能是一种利用电场或磁场来储存电能的方式，主要包括超级电容器储能和超导储能两种形式。超级电容器储能是一种利用超级电容器来存储和释放电能的技术。超导储能是一种利用超导线圈将电磁能直接储存起来，需要时再将电磁能返回电网或其他负载的一种电力设施，它具有反应速度快、转换效率高的优点，但超导储能具有制造成本高、系统维护复杂、储能时间较短、安全性能还不够成熟等缺点。

机械式储能是一种利用机械能作为能量载体的储能方式，属于物理储能。机械式储能主要包括飞轮储能、抽水蓄能和压缩空气储能。飞轮储能是利用飞轮的旋转动能来储存和释放电能的技术，具有高功率密度、长寿命、低损耗、低维护、环保无污染、可靠性高的优点，尽管飞轮储能具有较高的功率密度，但其能量密度相对较低，具有放电时间短、成本较高、自放电率高等缺点。抽水蓄能是一种利用水作为储能介质，通过电能与水的势能相互转化，实现电能的储存的技术。建设成本高、时间长，且易对周遭环境造成破坏，这是抽水蓄能技术最主要的缺点。压缩空气储能是一种基于燃气轮机发展而产生的储能技术，利用压缩空气来储存和释放电能。然而，传统的压缩空气储能系统在减压释能时需补充燃料燃烧，此时也会产生污染物。此外，大型压缩空气储能系统需找寻符合条件的地下洞穴用以储存高压空气，相当依赖特殊地理条件，以上都是传统压缩空气储能系统面临的问题与挑战。

氢储能具有高能量密度、长存储时间、清洁无污染、灵活性强、应用范围广、储能成本低等优点，但目前氢储能的整体电—氢—电的能量效率仅为 30%左右，能量损失高于其他常用的储能技术。氢储能系统的建设和运营成本相对较高，技术成熟度不足等，使得需要进一步的技术研发和创新来提高氢储能性能和降低成本。

储能技术发展至今，电化学储能技术凭借其高效能、灵活响应及广泛应用的特性，成为推动能源转型与可持续发展不可或缺的关键力量。随着技术的不断进步与成本的持续优化，电化学储能正逐步深化其在电网调峰调频、分布式能源接入、电动汽车充电站及家庭储能系统等多个领域的应用，展现出极为广阔的发展前景与无限潜力。

电化学储能是一种利用化学电池将电能储存起来，并在需要时释放出来的储能技术，主要包括铅酸、镍氢锂离子等常规电池和锌溴、全钒氧化还原等液流电池。它是解决可再生能源间歇性和不稳定性问题、提高常规电力系统和区域能源系统效率、安全性和经济性的重要手段。下面具体介绍一下几种主要的电化学储能方式。

2.2　电化学储能方式

2.2.1　锂电池储能

锂电池储能利用锂离子在正负极之间的嵌入和脱出，实现电能与化学能的相互转换。锂离子电池的优点是能量密度高、功率密度高、循环寿命长、自放电率低、无记忆效应等。

锂离子电池在电子产品与电动汽车领域已有较多应用。锂离子电池能量密度高，循环寿命约为 10000 次，特定情况下库伦效率可接近为 100%，且没有记忆效应，目前制造成本随着新能源汽车市场的规模效应而不断下降。储能电池一般用于通信基站、电网、微电网等场合，因此，其更注重安全性、寿命与成本。目前，锂离子电池是国内外电化学储能项目占比最大者。

2.2.2　钠电池储能

钠电池储能是一种利用钠离子电池将电能储存起来，并在需要时释放出来的储能技术。钠离子电池是一种基于钠离子在正负极之间的可逆嵌脱机制的摇椅式电池，与锂离子电池原理相似，但具有钠资源丰富、成本低廉、安全性高等优势。

钠电池储能的优点是能量密度高、储能效率高、储能时间长、储能介质多样等。钠电池储能的挑战是需要解决储能介质的安全性、稳定性、成本等问题。

根据钠电池采用的材料不同，主要分为以下三类。

（1）氧化物。如应用 Ni-Mn-Ti 基层状氧化物，开发出 10Ah 软包电池，比能量达到 140Wh/kg，放电深度 80%状态下使用寿命超过 1000 周。

（2）普鲁士蓝材料。如普鲁士白基电芯，比能量为 160Wh/kg。

（3）聚阴离子化合物。国内企业利用磷酸盐基聚阴离子化合物作为正极，开发出磷酸钒钠基软包电池、氟磷酸钒钠基软包电池，比能量分别为 127、143Wh/kg。另外开发出的磷酸盐基钠离子电池储能系统已在低速电动车中成功应用。

2.2.3　铅酸电池储能

铅酸电池是最早发明的一种蓄电池，制造工艺较为成熟、成本较低，能源转换效率为 70%～90%，适合改善电能质量、不间断电源和旋转备用等应用。铅酸电池缺点是不环保，且循环寿命低，仅 500～2500 次。

铅酸蓄电池种类较多，应用在光伏储能系统中，比较多的有三种，富液型铅酸蓄电池、阀控式密封铅酸蓄电池、铅碳蓄电池等等。

2.2.4　液流电池储能

液流电池是一种新型蓄电池，其原理是正、负极电解质发生可逆的氧化还原反应，实现电能与化学能的相互转化。液流电池是一种大规模高效电化学储能技术。在液流电池中，活性物质储存于电解质溶液，具有流动性，可以实现电化学反应场所与储能活性物质在空间上的分离。液流电池的优点是容量高、使用领域广、循环使用寿命长，在储能领域具有良好的发展前景。

液流电池的主要类型有金钒液流电池、锌基液流电池等。

锌基液流电池使用金属锌作为负极，因锌元素能量密度高且价格低廉，综合竞争优势明显，典型代表有锌溴液流电池、锌铁液流电池。国外，小型的锌溴液流电池储能系统已成功进入市场，在美国、澳大利亚等国家得到应用。国内，锌溴液流电池系统在额定 10kW 功率下放电时，放电电量为 30kWh，可应用在分布式能源、家用储能等领域。

金钒液流电池的发展技术最为成熟，因安全性高、使用寿命长，目前商业化进程很快。在国外，牛津超级能源枢纽项目于 2021 年 12 月进入调试阶段，将金钒液流电池、锂离子电池相结合，系统使用时以前者为主，超过电池容量后，后者才被调用，充分发挥这两种电池的优势提高能源系统的智能化程度。在国内，多家企业和机构开展金钒液流电池的研发工作，在材料、部件、设计、控制等方面均达到国际领先水平，而且取得多项自主知识产权。另外，在湖北襄阳、新疆阿瓦提、河南开封等多地，已经建设金钒液流电池的生产应用示范项目。

2.3　电化学储能结构

储能系统由电池、电池管理系统（BMS）、储能变流器（PCS）、能源管理系统（EMS）、温控系统、消防系统、电器元件、机械支撑共同组成。下面对各个部分进行简要介绍。

2.3.1　电池

电池是储能系统的核心，负责储存电能，以便在需要时释放。它能够将电网低谷时段的电能或可再生能源发电过剩的电能储存起来，供电网高峰时段或可再生能源发电不足时使用。通过电池的充放电过程，储能系统能够平滑电网的负荷曲线，减少峰谷差，提高电网的运行效率和稳定性。由于可再生能源发电具有间歇性和波动性的特点，储能电池能够平抑可再生能源的出力波动，提高可再生能源的并网比例和利用率。

2.3.2　电池管理系统

BMS 负责监测电池的充电状态、放电状态、温度、电压、电流等关键参数，并根据需要调整充电电流和电压，以确保电池在合适的范围内工作。BMS 可以监测电池组的温度分布，并根据需要调整冷却系统的运行，以防止过热或过冷，延长电池寿命。实时监测电池组的各种参数，并在出现异常时发出警报，以便及时进行维修或更换。通过分析电池的充放电数据和其他相关信息，预测电池的剩余寿命，并评估电池的健康状况，从而帮助用户进行维护和更换决策。

2.3.3　储能变流器

PCS 负责将电池等储能设备中的直流电转换为交流电，或将电网中的交流电转换为直流电以储存，实现电能的双向流动。PCS 能够控制输出电压和电流的幅值、频率和相位等参数，以适应电网的运行条件。同时，实现最大功率点跟踪（MPPT）、双向充放电管理、无功功率补偿等功能。内置多种保护机制，如过载保护、短路保护、过热保护等，以确保储能系统和电网的安全运行。

2.3.4　能源管理系统

EMS 能够实时监控储能系统的运行状态，包括电池的充放电状态、温度、电压、电流等关键参数，并控制 PCS 进行充放电操作，以保持电池在最佳工作状态。EMS 可根据电网需求、电池状态和成本等因素，优化储能系统的充放电策略，提高能源利用效率，降低运营成本。EMS 收集储能系统的运行数据，进行分析和处理，以识别系统性能趋势，为系统优化和维护提供数据支持。

2.3.5　能温控系统

温控设备利用传热和制冷原理，通过多个换热设备、传热介质和控制元件组合，确保储能系统能维持电池及其周围环境的温度恒定，达到冷却的目的。防止电池过热引发的火灾，并通过精确的温度调节延长电池的使用寿命。

在储能结构中，电池部分和变流器各自扮演着至关重要的角色，它们共同确保储能系统的高效运行和稳定性。电池是储能系统的核心，负责储存电能、平衡电网负荷、提高可再生能源消纳能力。变流器是储能系统与电网之间的桥梁，其性能直接影响到储能系统的接入能力、响应速度和稳定性。高效的变流器能够提高储能系统的整体效能和经济效益。

2.4　电池系统

电力系统的主要任务是向负荷提供安全、可靠的电能，而负荷的投入使用具有随机性、波动性等特点。电池储能是作为大规模储能系统的重要形式之一，在电力系统中具有消峰填谷，调频、调相等众多用途。电池系统是储能系统的核心，决定了储能系统的存储容量。它是将化学能转化为电能的装置，由正极、负极、电解质和隔膜四部分组成。电池的种类很多，常见的有铅酸电池、镍氢电池、锂离子电池等。其中锂离子电池由于其高能量密度、长寿命、环保等优点，成为当前电池储能系统中最为常用的电池类型。大储电池也是由单个电芯组成，规模化从技术方面并没有太多降本空间，因此储能项目规模越大，电池占比越高。锂离子电芯经串并联方式组合，连接组装成电池模组，再和其他元器件一起固定组装到柜体内构成电池柜体。

电池的性能直接影响到储能系统的储能容量、充放电效率和使用寿命。高性能的电池能够提高储能系统的整体效能，降低运行成本。随着可再生能源的快速发展和电网对灵活性资源需求的增加，电池储能系统的重要性日益凸显。它不仅是电网的重要组成部分，也是推动能源结构转型和实现"双碳"目标的关键技术之一。

2.5　储能变流器

储能变流器（power conversion system，PCS）作为可再生能源发电系统的核心设备，在微电网中承担着能量双向流动、系统稳定运行等重要任务。

PCS 是储能电站中关键的一环，控制蓄电池的充放电，并进行交直流转换，在无电网情况下直接为交流负荷供电。它是将电池储存的电能转化为交流电能供应给电网或用户的装置。PCS 主要由逆变器、变压器、控制器等组成。其主要功能是将直流电能转化为交流电能，并控制电能的输入输出，以及确保系统的安全和稳定。PCS 的性能直接影响到电池储能系统的运行效率和使用寿命。

与常规发电厂相比，大规模储能电站能够适应负荷的快速变化，因此储能电站能够提高电力系统的稳定安全运行，提高电能质量和供电的可靠性，同时还能优化发电厂的电源结构，提高电能的利用率和总体。

2.5.1　储能变流器的定义

储能变流器作为微电网中分布式电源的核心设备，实现微源与负载、微源与电网间的功率控制。储能系统（energy storage system，ESS）主要由储能介质、PCS、上层能量管理控制等部分组成。储能系统和电网电能的电之所以能双向转换，是因为拥有储能变流器，储能变流器是储能系统核心器件。

PCS 由 DC/AC 双向变流器、控制单元等构成。PCS 控制器通过通信接收后台控制指令，根据功率指令的符号及大小控制变流器对电池进行充电或放电，实现对电网有功功率及无功功率的调节。同时 PCS 可通过 CAN 接口与 BMS 通信、干接点传输等方式，获取电池组状态信息，可实现对电池的保护性充放电，确保电池运行安全。PCS 的主要功能包括过欠压、过载、过流、短路、过温等的保护、具备孤岛检测能力进行模式切换、实现对上级控制系统及能量交换机的通信功能、并网-离网平滑切换控制等。

2.5.2　储能变流器拓扑结构

PCS 是储能系统的核心部分，负责储能介质与电网、负荷之间的功率控制与能量交换。考虑储能系统具体的应用场景、功能需求、储能规模、不同储能介质的充放电特性等因素，PCS 电压等级、容量大小、拓扑结构、工作模式也各不相同。

根据输出电平数，PCS 一般可分为两电平、三电平和多电平等结构；根据变换环节数，PCS 可分为单级式、双级式等结构。下面以输出电平数为依据，对 PCS

结构进行分类介绍。

2.5.2.1　两电平 PCS 拓扑结构

在交流电网中，PCS 最简单的拓扑结构就是单级式两电平结构。图 2-1 为单级式两电平结构，储能介质直接与 DC/AC 变换器相连，然后 DC/AC 变换器与电网或负载相连接。该拓扑结构简单，转换效率高，是最早应用的拓扑结构，一台 PCS 的容量不大，一般为几十千瓦至数百千瓦。

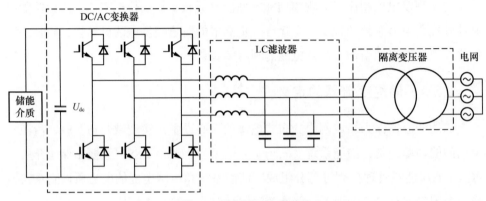

图 2-1　单级式两电平结构

由于该拓扑结构容量低以及 IGBT 器件耐压能力有限，应用在系统直流母线电压低于 1000V 的电力系统，另外，由于储能介质输出电压变化范围较窄，一般不超过 1000V，适合的储能介质类型为随 SOC 变化较小的，例如锂离子电池、铅酸电池等电化学电池，直流侧串联过多的电池组会增加直流侧电池管理系统的难度，而且两电平 PCS 还存在的输出共模电压问题，为解决这个问题，在逆变器输出端一般接入一级变比为 1 : 1 的隔离变压器。

为解决单级式两电平变换器直流侧输入电压较窄的问题，在单级式 PCS 直流侧加一级 DC/DC 变换器构成了双级式 PCS，其结构如图 2-2 所示，包括 DC/DC 变换器和 DC/AC 变换器两部分。双级式 PCS 拓扑由于增加了 DC/DC 变换环节，可以使储能容量配置变得更加灵活，不拘泥于储能介质的类型，拓宽 DC/AC 变换器直流侧的直流电压变化范围，更加适合在储能介质类型为随 SOC 变化较大的场景下使用。与单级式结构相比，由于增加了一级电能变换，使装置的运行效率下降，且同时需要保证 DC/DC 和 DC/AC 协调运行，控制策略较为复杂。

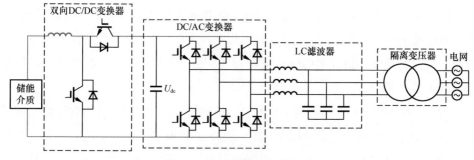

图 2-2　双级式 PCS 拓扑结构

2.5.2.2　三电平储能变流器

由上节可知，两电平 PCS 受限于功率器件的耐压等级与容量限制，常用于 380V 的低压领域，从安全角度出发，与电网或负载连接时需要用变压器进行隔离。为解决变流器容量限制问题，有学者提出了中点箝位三电平 PCS 拓扑，其固有的结构特点可以应用于中低压领域，并网电压等级可以有 380、480、690、1140V 等，单机输出功率量级从千瓦到兆瓦。与两电平 PCS 相比，中点箝位（neutral point clamped，NPC）三电平 PCS 输出电平多、输出电压更接近正弦，提高了输出电压与电流的质量，降低了单个开关管的开关损耗，降低了 LC 或 LCL 滤波器的体积，提升了系统效率。常见 NPC 三电平结构主要包括 I 型 NPC、T 型 NPC 以及有源箝位型 NPC（active neutral point clamped，ANPC）三种。

（1）I 型 NPC 拓扑。如图 2-3 所示，每一相由四个 IGBT 和两个续流二极管组成，单个功率器件承受的电压为直流母线电压的一半，使得每个功率器件的开关损耗降低为原来的一半，适合在中高压领域应用，多数用于直流母线电压 1500V 及上的 PCS 系统。

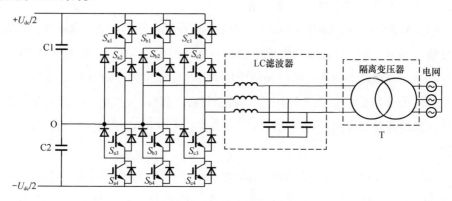

图 2-3　I 型 NPC 拓扑

图 2-3 中，当开关管 S_{a1} 和 S_{a2} 导通时，输出相电压为 $+U_{ac/2}$；S_{a2} 和 S_{a3} 导通时，输出相电压为 0；S_{a3} 和 S_{a4} 导通时，输出相电压为 $-U_{ac/2}$。内外管的开关顺序遵循开通时先开通外管，再开通内管，反之同理。由于内外管开通存在时序，在控制器设计上较为复杂。

（2）T 型 NPC 拓扑。如图 2-4 所示。功率管 S_{a2}、S_{a3} 背靠背串联连接实现中点箝位，交流侧每相可获得 $+U_{ac/2}$、0、$-U_{ac/2}$ 三种电平。与 I 型 NPC 相比，T 型 NPC 减少了中点箝位二极管，主电流通路只经过一个 IGBT 或二极管，并且开通损耗由 S_{a2}、S_{a3} 承担，关断损耗由 S_{a1}、S_{a4} 承担，纵向开关管与横向开关管功率损耗相对均衡。

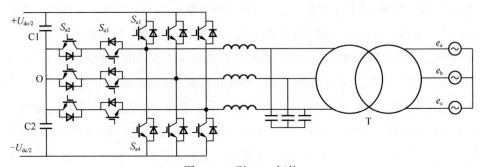

图 2-4　T 型 NPC 拓扑

T 型 NPC 结构其直流侧功率器件耐压等级与两电平结构相同，是 I 型 NPC 的一半，直流电压等级与两电平一致，不适用于直流电压等级较高（如 1500V）的 PCS。相比于两电平结构，输出波形质量高，功率损耗比较均匀，调制策略与 I 型 NPC 一致，常用于直流侧 1000V 以下系统。

（3）ANPC 拓扑。如图 2-5 所示，功率管承受的电压与 I 型三电平相同，为直流母线电压的一半，也适合直流侧电压较高领域的应用。由于 I 型 NPC 损耗分布不均，会导致温升不均衡，进而限制模块的功率输出能力。而 ANPC 结构由于多了两个开关管以及相应的两个中性点换流回路，因此，可以更加灵活地配置开关策略，降低各开关管损耗的不均衡度，同时优化 I 型 NPC 的换流回路，提升系统效率。

ANPC 三电平相比 I 型 NPC 三电平拓扑多出 2 个全控器件，增加了系统成本和控制器设计难度，而且 ANPC 三电平拓扑开关状态较多，调制策略较为复杂。

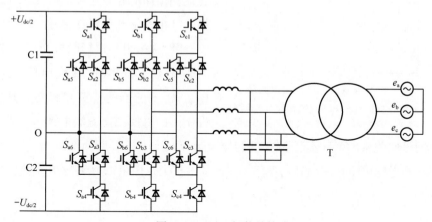

图 2-5　ANPC 拓扑结构

2.5.3　储能变流器工作原理分析及数学建模

若以单极式两电平拓扑为研究对象，其拓扑如图 2-6 所示。当 QS1、QS2 闭合，K1 断开时，PCS 为并网模式；当 QS1、QS2 断开，K1 闭合时，PCS 为离网模式。

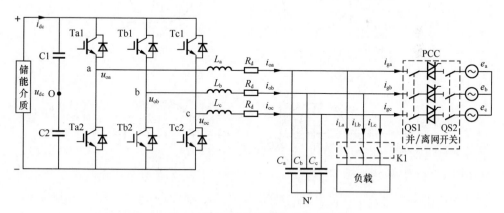

图 2-6　两电平储能变流器拓扑结构

Ta1～Tc2—abc 三相功率开关管；e_a、e_b、e_c—交流侧电网三相电压；u_{oa}、u_{ob}、u_{oc}—PCS 逆变侧输出相电压，i_{oa}、i_{ob}、i_{oc}—PCS 逆变侧输出电流；i_{ga}、i_{gb}、i_{gc}—PCS 并网三相电流；i_{La}、i_{Lb}、i_{Lc}—三相负载电流；L_a、L_b、L_c—PCS 逆变输出侧滤波电感；R_d—PCS 逆变输出侧滤波电感等效电阻；C_a、C_b、C_c—滤波电容；u_{dc}—直流母线电压；C1、C2—直流母线电容；QS1、QS2—并离网开关；K1—负载开关

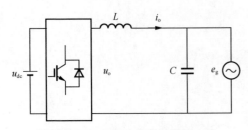

图 2-7　PCS 等效交流单相模拟电路

u_{dc}—直流侧电压；u_o—PCS 逆变侧输出电压；
e_g—交流侧电网电压；i_o—PCS 逆变侧输出电流

由图 2-7 可见，单级式两电平 PCS 直流侧由储能介质通过双向 DC/AC 变换器（由六个开关器件组成）与交流侧（三相对称）电网进行能量交互，经 LC 滤波器连至本地负载或电网。双向 DC/AC 变流器的直流侧和交流测均可控制，同时控制交流侧电网相电压、相电流的相位关系，可以实现 PCS 的四象限运行。

在不考虑电路功率损耗情况下，根据基尔霍夫定律可以得到 PCS 交流的回路方程为

$$\vec{e_g} = wL\vec{i_o} + \vec{u_o} \tag{2-1}$$

PCS 逆变侧输出电流滞后电压 90°，以交流测电网电压为参考电压，以电流电压矢量图表示式（2-1），如图 2-8 所示。

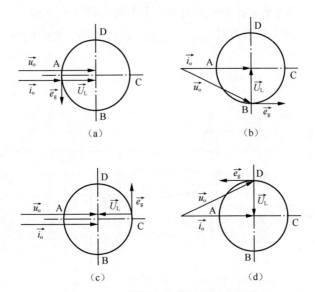

图 2-8　PCS 等效交流单相模拟电路图

（a）纯电感；（b）正电阻；（c）纯电容；（d）负电阻

PCS 等效交流单相模拟电路图四象限运行分析如表 2-1 所示。

表 2-1 　　　　　　　　PCS 等效交流单相模拟电路图四象限运动分析

矢量图	工作模式	$\vec{i_o}$ 与 $\vec{e_g}$ 相位关系	状态分析
图 2-8（a）	纯电感工作模式	$\vec{i_o}$ 滞后 $\vec{e_g}$ 90°	变流器从交流测电网吸收无功功率，具有无功补偿功能
图 2-8（b）	正电阻工作模式	$\vec{i_o}$ 与 $\vec{e_g}$ 同位	变流器从交流测电网吸收有功功率，运行在功率因数为+1 的恒有功充电模式
图 2-8（c）	纯电容工作模式	$\vec{i_o}$ 超前 $\vec{e_g}$ 90°	变流器向交流测电网释放无功功率，具有无功补偿功能
图 2-8（d）	负电阻工作模式	$\vec{i_o}$ 与 $\vec{e_g}$ 相位相反	变流器向交流侧电网输送有功功率，运行在功率因为–1 的恒有功放电模式

当 PCS 处于并网工作模式时，根据图 2-8（设其中 *PCS* 逆变输出侧的三相滤波电感数值相等均为 *L*）电路拓扑和 KVL 定理，a、b、c 三相的回路电压方程为

$$\begin{cases} u_{\mathrm{oa}} = u_{\mathrm{No}} + e_{\mathrm{a}} + R_{\mathrm{d}} i_{\mathrm{oa}} + L\dfrac{\mathrm{d}i_{\mathrm{oa}}}{\mathrm{d}t} \\[2mm] u_{\mathrm{ob}} = u_{\mathrm{No}} + e_{\mathrm{b}} + R_{\mathrm{d}} i_{\mathrm{ob}} + L\dfrac{\mathrm{d}i_{\mathrm{ob}}}{\mathrm{d}t} \\[2mm] u_{\mathrm{oc}} = u_{\mathrm{No}} + e_{\mathrm{c}} + R_{\mathrm{d}} i_{\mathrm{oc}} + L\dfrac{\mathrm{d}i_{\mathrm{oc}}}{\mathrm{d}t} \end{cases} \tag{2-2}$$

设交流侧电网电压为

$$\begin{cases} e_{\mathrm{a}} = E_{\mathrm{m}} \cos\theta \\ e_{\mathrm{b}} = E_{\mathrm{m}} \cos(\theta - 120°) \\ e_{\mathrm{c}} = E_{\mathrm{m}} \cos(\theta + 120°) \end{cases} \tag{2-3}$$

式中：E_m 为电网的相电压峰值。

定义开关器件函数为

$$T_k = \begin{cases} 1(\text{上桥臂导通、下桥臂关断}) \\ -1(\text{上桥臂关断、下桥臂导通}) \end{cases} k = \mathrm{a,b,c} \tag{2-4}$$

则 u_{ao}、u_{bo}、u_{co} 可用 u_{dc}、T_{k} 表示为

$$\begin{cases} u_{\mathrm{ao}} = T_{\mathrm{a}} \cdot \dfrac{1}{2} u_{\mathrm{dc}} \\[2mm] u_{\mathrm{bo}} = T_{\mathrm{b}} \cdot \dfrac{1}{2} u_{\mathrm{dc}} \\[2mm] u_{\mathrm{co}} = T_{\mathrm{c}} \cdot \dfrac{1}{2} u_{\mathrm{dc}} \end{cases} \tag{2-5}$$

将式（2-5）代入式（2-2）可得

$$\begin{cases} u_{\text{No}} + e_{\text{a}} + R_{\text{d}}i_{\text{oa}} + L\dfrac{\text{d}i_{\text{oa}}}{\text{d}t} = \dfrac{T_{\text{a}}u_{\text{dc}}}{2} \\[2mm] u_{\text{No}} + e_{\text{b}} + R_{\text{d}}i_{\text{ob}} + L\dfrac{\text{d}i_{\text{ob}}}{\text{d}t} = \dfrac{T_{\text{b}}u_{\text{dc}}}{2} \\[2mm] u_{\text{No}} + e_{\text{c}} + R_{\text{d}}i_{\text{oc}} + L\dfrac{\text{d}i_{\text{oc}}}{\text{d}t} = \dfrac{T_{\text{c}}u_{\text{dc}}}{2} \end{cases} \tag{2-6}$$

将三相三线制电网平衡条件代入式（2-6）得，根据 KCL 和 KVL 电路定理可得

$$u_{\text{dc}}\left(T_{\text{a}} + T_{\text{b}} + T_{\text{c}}\right) = 6u_{\text{No}} \tag{2-7}$$

将式（2-7）代入式（2-6）得

$$\begin{aligned} & e_{\text{a}} + L\frac{\text{d}i_{\text{oa}}}{\text{d}t} \\ &= \frac{2T_{\text{a}} - ST_{\text{b}} - ST_{\text{c}}}{6}u_{\text{dc}} \\ &= \frac{2T_{\text{b}} - T_{\text{a}} - T_{\text{c}}}{6}u_{\text{dc}}e_{\text{c}} + L\frac{\text{d}i_{\text{oc}}}{\text{d}t} \\ &= \frac{2T_{\text{c}} - T_{\text{b}} - T_{\text{a}}}{6}u_{\text{dc}} \end{aligned} \tag{2-8}$$

PCS 直流侧母线电流 i_{ac} 表达式为

$$2i_{\text{dc}} = T_{\text{a}}i_{\text{oa}} + T_{\text{b}}i_{\text{ob}} + T_{\text{c}}i_{\text{oc}} \tag{2-9}$$

定义矩阵

$$\boldsymbol{i}_{\text{o\_abc}} = \begin{bmatrix} i_{\text{oa}} \\ i_{\text{ob}} \\ i_{\text{oc}} \end{bmatrix}, \boldsymbol{e}_{\text{abc}} = \begin{bmatrix} e_{\text{a}} \\ e_{\text{b}} \\ e_{\text{c}} \end{bmatrix}, \boldsymbol{S}_{\text{abc}} = \begin{bmatrix} S_{\text{a}} \\ S_{\text{b}} \\ S_{\text{c}} \end{bmatrix}, \boldsymbol{H} = \begin{bmatrix} -2 & 1 & 1 \\ 1 & -2 & 1 \\ 1 & 1 & -2 \end{bmatrix} \tag{2-10}$$

联立式（2-8）和式（2-9），得到 PCS 开关数学模型表达式为

$$\begin{cases} 6\left(e_{\text{abc}} + R_{\text{d}}i_{\text{o\_abc}} + L\dfrac{\text{d}i_{\text{o\_abc}}}{\text{d}t}\right) = \begin{bmatrix} 2 & -1 & -1 \\ -1 & 2 & -1 \\ -1 & -1 & 2 \end{bmatrix} T_{\text{abc}} \times u_{\text{dc}} \\[4mm] i_{\text{o\_abc}} - i_{\text{g\_abc}} = C\dfrac{\text{d}u_{\text{C\_abc}}}{\text{d}t} \\[3mm] 2i_{\text{dc}} = \left[T_{\text{abc}}\right]^{\text{T}}i_{\text{o\_abc}} \end{cases} \tag{2-11}$$

式中：i_{o_abc} 为 PCS 逆变侧输出三相电流简写；u_{C_abc} 为 PCS 逆变侧三相滤波电容电压简写。

式（2-10）的 PCS 开关函数模型中包含了器件通断过程中的高频分量，增加了控制器设计的难度，可利用状态空间平均法对上述模型线性化处理。

引入开关周期平均值基本计算公式为

$$\langle g(t) \rangle_{T_k} = \frac{1}{T_k} \int_t^{t+T_k} g(\tau) \mathrm{d}\tau \tag{2-12}$$

式中：$g(t)$ 为 PCS 系统中某一电气变量；T_k 为功率管通断周期；$<g(t)>_{T_S}$ 为该电平状态时的开关周期平均值。

根据式（2-11）可知，T_k 内 PCS 三相功率开关管的开关函数平均值为各相的占空比，PCS 三相占空比分别用 D_a、D_b、D_c 表示。T_{abc} 的开关周期平均值表示为 D_{abc}，即

$$D_{abc} = \begin{bmatrix} D_a \\ D_b \\ D_c \end{bmatrix} = \begin{bmatrix} \dfrac{1}{T_k} \int_t^{t+T_k} T_a(\tau)\mathrm{d}\tau \\ \dfrac{1}{T_k} \int_t^{t+T_k} T_b(\tau)\mathrm{d}\tau \\ \dfrac{1}{T_k} \int_t^{t+T_k} T_c(\tau)\mathrm{d}\tau \end{bmatrix} \tag{2-13}$$

该平均值只考虑电量的基波信号，而忽略高频信号。

同理，可以推导得出

$$\begin{cases} \langle \boldsymbol{T}_{abc} u_{dc} \rangle_{T_k} \approx \langle \boldsymbol{T}_{abc} \rangle_{T_k} \langle u_{dc} \rangle_{T_k} = \boldsymbol{d}_{abc} \langle u_{dc} \rangle_{T_k} \\ \langle \boldsymbol{T}_{abc}^{\mathrm{T}} \boldsymbol{i}_{o\_abc} \rangle_{T_k} \approx \langle \boldsymbol{T}_{abc}^{\mathrm{T}} \rangle_{T_k} \langle \boldsymbol{i}_{abc} \rangle_{T_k} = \boldsymbol{d}_{abc}^{\mathrm{T}} \langle \boldsymbol{i}_{o\_abc} \rangle_{T_k} \end{cases} \tag{2-14}$$

将式（2-11）～式（2-13）代入式（2-10），计算可得用 PCS 三相功率开关管的周期平均值表示的数学开关模型为

$$\begin{cases} 6\left(\langle \boldsymbol{e}_{abc} \rangle_{T_k} + R_d \langle \boldsymbol{i}_{o\_abc} \rangle_{T_k} + L \dfrac{\mathrm{d}\langle \boldsymbol{i}_{o\_abc} \rangle_{T_k}}{\mathrm{d}t} \right) = \begin{bmatrix} 2 & -1 & -1 \\ -1 & 2 & -1 \\ -1 & -1 & 2 \end{bmatrix} \langle \boldsymbol{T}_{abc} \square u_{dc} \rangle_{T_k} \\[4mm] \langle \boldsymbol{i}_{o\_abc} \rangle_{T_k} - \langle \boldsymbol{i}_{g\_abc} \rangle_{T_k} = C \dfrac{\mathrm{d}\langle \boldsymbol{u}_{c\_abc} \rangle_{T_k}}{\mathrm{d}t} \\[4mm] 2 \langle i_{dc} \rangle_{T_k} = \left\langle \left[\boldsymbol{T}_{abc} \right]^{\mathrm{T}} \boldsymbol{i}_{o\_abc} \right\rangle_{T_k} \end{cases} \tag{2-15}$$

为了方便控制器设计，对式（2-14）中的 PCS 数学模型进行坐标变换和处理。

abc 坐标系到 dq 坐标系（3s/2r）的变换矩阵为

$$T_{3\mathrm{s}/2\mathrm{r}} = \frac{2}{3}\begin{bmatrix} \cos\alpha & \cos(\alpha-120°) & \cos(\alpha+120°) \\ -\sin\alpha & -\sin(\alpha-120°) & -\sin(\alpha+120°) \end{bmatrix} \tag{2-16}$$

2r/3s 变换矩阵为

$$T_{2\mathrm{r}/3\mathrm{s}} = \begin{bmatrix} \cos\alpha & -\sin\alpha \\ \cos(\alpha-120°) & -\sin(\alpha-120°) \\ \cos(\alpha+120°) & -\sin(\alpha+120°) \end{bmatrix} \tag{2-17}$$

由式（2-16）可知，经过坐标变换得到 PCS 各量在 dq 坐标系下表达式为

$$\begin{cases} T_{2\mathrm{r}/3\mathrm{s}}\left\langle \boldsymbol{i}_{\mathrm{o\_dq}}\right\rangle_{T_k} = \left\langle \boldsymbol{i}_{\mathrm{o\_abc}}\right\rangle_{T_k} \\ T_{2\mathrm{r}/3\mathrm{s}}\left\langle \boldsymbol{e}_{\mathrm{dq}}\right\rangle_{T_k} = \left\langle \boldsymbol{e}_{\mathrm{abc}}\right\rangle_{T_k} \\ T_{2\mathrm{r}/3\mathrm{s}}\left\langle \boldsymbol{i}_{\mathrm{g\_dq}}\right\rangle_{T_k} = \left\langle \boldsymbol{i}_{\mathrm{g\_abc}}\right\rangle_{T_k} \\ T_{2\mathrm{r}/3\mathrm{s}}\left\langle \boldsymbol{u}_{\mathrm{C\_dq}}\right\rangle_{T_k} = \left\langle \boldsymbol{u}_{\mathrm{C\_abc}}\right\rangle_{T_k} \\ \boldsymbol{d}_{\mathrm{abc}} = T_{2\mathrm{r}/3\mathrm{s}}\boldsymbol{d}_{\mathrm{dq}} \end{cases} \tag{2-18}$$

将式（2-17）代入式（2-16）后，并对得到的式子进行化简，可以得到同步坐标系下的 PCS 功率开关管的周期平均模型为

$$\begin{cases} 2\left(\left\langle \boldsymbol{e}_{\mathrm{dq}}\right\rangle_{T_s} + \begin{bmatrix} R_{\mathrm{d}} & -\omega L \\ \omega L & R_{\mathrm{d}} \end{bmatrix}\left\langle \boldsymbol{i}_{\mathrm{o\_dq}}\right\rangle_{T_k} + L\dfrac{\mathrm{d}\left\langle \boldsymbol{i}_{\mathrm{o\_dq}}\right\rangle_{T_k}}{\mathrm{d}t}\right) = \boldsymbol{d}_{\mathrm{dq}}\left\langle \boldsymbol{u}_{\mathrm{dc}}\right\rangle_{T_k} \\[4mm] \left\langle \boldsymbol{i}_{\mathrm{o\_dq}}\right\rangle_{T_k} - \left\langle \boldsymbol{i}_{\mathrm{g\_dq}}\right\rangle_{T_k} - C\begin{bmatrix} 0 & -\omega \\ \omega & 0 \end{bmatrix}\left\langle \boldsymbol{u}_{\mathrm{C\_dq}}\right\rangle_{T_k} = C\dfrac{\mathrm{d}\left\langle \boldsymbol{u}_{\mathrm{C\_dq}}\right\rangle_{T_k}}{\mathrm{d}t} \\[4mm] \dfrac{2}{3}\left\langle i_{\mathrm{dc}}\right\rangle_{T_k} = \boldsymbol{d}_{\mathrm{dq}}^{\mathrm{T}}\left\langle \boldsymbol{i}_{\mathrm{o\_dq}}\right\rangle_{T_k} \end{cases} \tag{2-19}$$

式（2-18）的数学模型中包含 $d_{\mathrm{dq}}<u_{\mathrm{dc}}>T_s$，$dT_{\mathrm{dq}}<i_{\mathrm{odq}}>T_s$ 等非线性式，可使用交流小信号法进行线性化处理，PCS 各直流稳态工作点的电气量 d_{abc}、i_{abc} 电网电压 e_{abc}、网侧电流 $i_{\mathrm{g\_abc}}$ 分解为 dq 轴分量依次为 D_d、D_q、I_d、I_q、E_d、E_q、i_{gd}、i_{gq}；

u_{de}、i_{ao} 的直流稳态点分量为 U_{dc}、I_{dc}。

将上述 PCS 各稳态信号代入式（2-18）可得 *PCS* 的稳态工作点数学模型表达式为

$$\begin{cases} 2\left(\begin{bmatrix} E_m \\ 0 \end{bmatrix} + \begin{bmatrix} R_d & -\omega L \\ \omega L & R_d \end{bmatrix} + \begin{bmatrix} I_d \\ I_q \end{bmatrix} + \frac{\mathrm{d}}{\mathrm{d}t}\begin{bmatrix} I_d \\ I_q \end{bmatrix}\right) = \begin{bmatrix} D_d \\ D_q \end{bmatrix} U_{dc} \\ \begin{bmatrix} I_d \\ I_q \end{bmatrix} - \begin{bmatrix} I_{gd} \\ I_{gq} \end{bmatrix} - C\begin{bmatrix} 0 & -\omega_g \\ \omega_g & 0 \end{bmatrix}\begin{bmatrix} U_{Cd} \\ U_{Cq} \end{bmatrix} = \frac{\mathrm{d}}{\mathrm{d}t}\begin{bmatrix} U_{Cd} \\ U_{Cq} \end{bmatrix} \\ \frac{4}{3}I_{dc} = \begin{bmatrix} D_d & D_q \end{bmatrix}\begin{bmatrix} I_d \\ I_q \end{bmatrix} \end{cases} \quad (2\text{-}20)$$

PCS 直流稳态工作点的相应交流小信号扰动表达式为

$$\begin{cases} I_{dc} + \hat{i}_{dc} = \langle i_{dc} \rangle_{T_k} \\ U_{dc} + \hat{u}_{dc} = \langle u_{dc} \rangle_{T_k} \\ D_d + \hat{d}_d = \langle d_d \rangle_{T_k} \\ D_q + \hat{d}_q = \langle d_q \rangle_{T_k} \\ E_d + \hat{e}_d = \langle e_d \rangle_{T_k} \\ E_q + \hat{e}_q = \langle e_q \rangle_{T_k} \\ I_d + \hat{i}_d = \langle i_d \rangle_{T_k} \\ I_q + \hat{i}_q = \langle i_q \rangle_{T_k} \end{cases} \quad (2\text{-}21)$$

将式（2-20）代入式（2-19）中，因为 PCS 直流侧电池电压较稳定，所以可以忽略直流电压的交流扰动（即 u_a=0），得到 PCS 交流小信号模型，并且对其进行拉氏变换可得表达式为

$$\begin{cases} 2\left(\begin{bmatrix} \hat{e}_d(s) \\ \hat{e}_q(s) \end{bmatrix} + \begin{bmatrix} sL + R_d & -\omega L \\ \omega L & sL + R_d \end{bmatrix} + \begin{bmatrix} \hat{i}_d(s) \\ \hat{i}_q(s) \end{bmatrix}\right) = \begin{bmatrix} \hat{d}_d(s) \\ \hat{d}_q(s) \end{bmatrix} U_{dc} \\ \begin{bmatrix} \hat{i}_d(s) \\ \hat{i}_q(s) \end{bmatrix} - \begin{bmatrix} \hat{i}_{gd} \\ \hat{i}_{gq} \end{bmatrix} + \begin{bmatrix} sC & -\omega C \\ \omega C & sC \end{bmatrix}\begin{bmatrix} \hat{u}_{Cd}(s) \\ \hat{u}_{Cq}(s) \end{bmatrix} \\ \frac{4}{3}\hat{i}_{dc}(s) = \begin{bmatrix} D_d & D_q \end{bmatrix}\begin{bmatrix} \hat{i}_d(s) \\ \hat{i}_q(s) \end{bmatrix} + \begin{bmatrix} \hat{d}_d(s) & \hat{d}_q(s) \end{bmatrix}\begin{bmatrix} I_d \\ I_q \end{bmatrix} \end{cases} \quad (2\text{-}22)$$

由式（2-21）可以得到单级式两电平 PCS 并网交流小信号数学模型框图，如图 2-9 所示，PCS 并网直流侧小信号数学模型框图如图 2-10 所示。

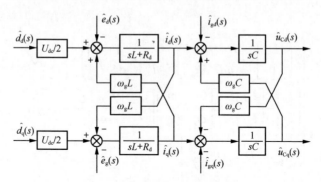

图 2-9　PCS 并网交流侧数学模型

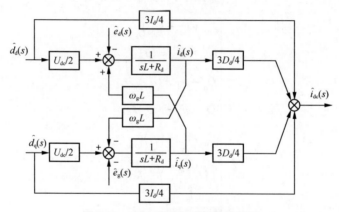

图 2-10　PCS 并网直流侧数学模型

用离网工作模式时负载电压 u_{Labc}、负载电流 i_{Labc} 代替并网工作模式时电网电压 e_{abc}、电网电流 i_{g_abc}，类比并网数学建模过程，可得到 PCS 离网交流小信号数学模型，即

$$
\begin{cases}
\dfrac{1}{6} u_{dc} \begin{bmatrix} 2 & -1 & -1 \\ -1 & 2 & -1 \\ -1 & -1 & 2 \end{bmatrix} \boldsymbol{T}_{abc} = L \dfrac{\mathrm{d}\boldsymbol{i}_{o\_abc}}{\mathrm{d}t} + \boldsymbol{u}_{Ladc} + R_d \boldsymbol{i}_{o\_abc} \\[4mm]
\boldsymbol{i}_{o\_abc} - \boldsymbol{i}_{Labc} = C \dfrac{\mathrm{d}\boldsymbol{u}_{C\_abc}}{\mathrm{d}t} \\[4mm]
2 i_{dc} = \left[\boldsymbol{T}_{abc} \right]^{\mathrm{T}} \boldsymbol{i}_{o\_abc}
\end{cases}
\tag{2-23}
$$

同 PCS 并网运行模式下的线性化处理类似，对 PCS 离网工作模式下的功率开关器件周期平均模型进行坐标变化以及扰动量代入，可以得到 PCS 离网工作模式下交流小信号模型，即

$$
\begin{cases}
2\left(\begin{bmatrix} \hat{u}_{\text{Ld}} \\ \hat{u}_{\text{Lq}} \end{bmatrix} + \begin{bmatrix} R_{\text{d}} & -\omega L \\ \omega L & R_{\text{d}} \end{bmatrix} + \begin{bmatrix} \hat{i}_{\text{d}} \\ \hat{i}_{\text{q}} \end{bmatrix} + L\dfrac{\mathrm{d}}{\mathrm{d}t}\begin{bmatrix} \hat{i}_{\text{d}} \\ \hat{i}_{\text{q}} \end{bmatrix}\right) = \begin{bmatrix} \hat{d}_{\text{d}} \\ \hat{d}_{\text{q}} \end{bmatrix} U_{\text{dc}} \\[4mm]
\begin{bmatrix} \hat{i}_{\text{d}} \\ \hat{i}_{\text{q}} \end{bmatrix} - \begin{bmatrix} \hat{i}_{\text{Ld}} \\ \hat{i}_{\text{Lq}} \end{bmatrix} - \begin{bmatrix} 0 & -\omega C \\ \omega C & 0 \end{bmatrix}\begin{bmatrix} \hat{u}_{\text{Cd}} \\ \hat{u}_{\text{Cq}} \end{bmatrix} = C\dfrac{\mathrm{d}}{\mathrm{d}t}\begin{bmatrix} \hat{u}_{\text{Cd}} \\ \hat{u}_{\text{Cq}} \end{bmatrix} \\[4mm]
\dfrac{4}{3}\hat{i}_{\text{dc}} = \begin{bmatrix} D_{\text{d}} & D_{\text{q}} \end{bmatrix}\begin{bmatrix} \hat{i}_{\text{d}} \\ \hat{i}_{\text{q}} \end{bmatrix} + \begin{bmatrix} \hat{d}_{\text{d}} & \hat{d}_{\text{q}} \end{bmatrix}\begin{bmatrix} I_{\text{d}} \\ I_{\text{q}} \end{bmatrix}
\end{cases} \tag{2-24}
$$

2.5.4 储能变流器应用场景

如图 2-11 所示，按照应用场景的不同，PCS 可以分为储能电站、集中式或组串式、工商业及家庭户用四大类，主要区别是功率大小。

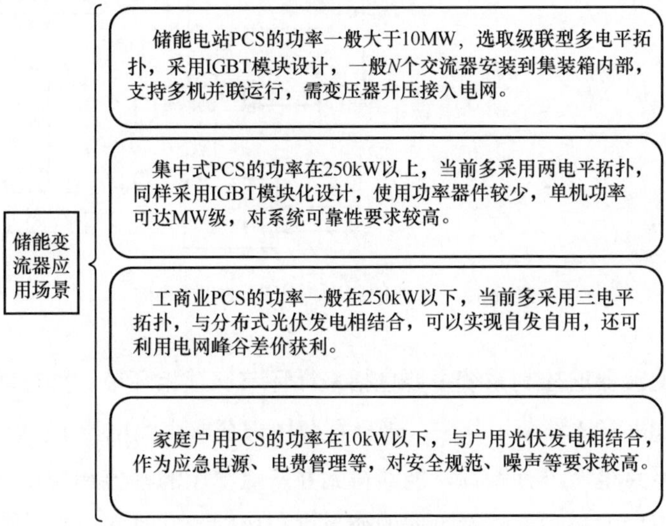

储能变流器应用场景

储能电站PCS的功率一般大于10MW，选取级联型多电平拓扑，采用IGBT模块设计，一般 N 个交流器安装到集装箱内部，支持多机并联运行，需变压器升压接入电网。

集中式PCS的功率在250kW以上，当前多采用两电平拓扑，同样采用IGBT模块化设计，使用功率器件较少，单机功率可达MW级，对系统可靠性要求较高。

工商业PCS的功率一般在250kW以下，当前多采用三电平拓扑，与分布式光伏发电相结合，可以实现自发自用，还可利用电网峰谷差价获利。

家庭户用PCS的功率在10kW以下，与户用光伏发电相结合，作为应急电源、电费管理等，对安全规范、噪声等要求较高。

图 2-11 储能变流器应用场景

储能变流器常规的控制用通俗易懂的话来说就是并入电网的设备要与电网的频率、相位一致，如果不一致需要跟踪定位，使二者保持一致，因此，这种控制设备保持与电网频率一致的控制方法称作跟网型控制；如果在微电网系统中设备

充当"电网"给负载供电，此种控制过程类似于在微电网中构造了一个小型电网系统，这种控制方法称作构网控制。由此可见，两种控制特性不相同，下面针对两种控制方式进行细致分类。

2.6 跟网型控制

经典的跟网型变流器拓扑结构如图 2-12 所示。其中，U_t 为并网点电压相量，即锁相环跟踪的母线电压。U_c 和 U_g 分别为变流器侧和电网侧电压相量。R_{line} 和 L_{line} 为电网等效阻抗，R_{line} 主要为传输线路中的电阻，L_{line} 表示传输线路和变压器的总电抗。图 2-12 中直流母线的电压 U_{dc} 受新能源发电不确定性和波动性的影响，可能会产生波动。由于主要分析变流器交流侧的同步稳定特性，为方便分析假设直流母线电压幅值保持恒定。

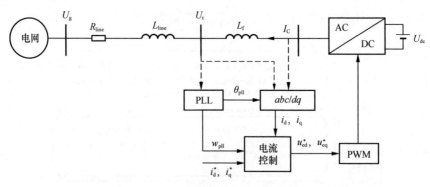

图 2-12　经典的跟网型变流器拓扑结构

跟网型变流器的控制系统主要包括采样环节、锁相环节、外环功率控制、内环电流控制和 PWM 环节。其中，采样环节用来获取交流电压 U_t 和交流电流 I_c。锁相环对并网点电压进行跟踪，能够得到并网点电压的幅值和相位。外环功率控制可以根据不同的控制策略对不同的变量进行控制，其时间尺度一般远大于内环电流控制的时间尺度，输出信号可作为内环电流控制的指令值。在 dq 坐标系下，内环电流控制通过 PI 调节器跟踪电流指令值。最后，将内环电流控制环节输出的电压信号重新变换到三相坐标系下，经过 PWM 调制后得到电力电子器件的触发脉冲。

2.6.1 直接功率控制

直接功率控制即控制被控对象按照指令功率输出电能。对于光伏和风电等间歇式分布式电源，指令功率一般由最大功率点跟踪控制计算得到，对于储能系统和燃气轮机等分布式电源，指令功率一般由上级调度得到。

三相并网逆变器控制的实质是控制其输出电流。

设三相电网电压完全对称且为正弦波时，其表达式为

$$\begin{cases} e_a = U_m \cos \omega t \\ e_b = U_m \cos(\omega t - 120°) \\ e_c = U_m \cos(\omega t + 120°) \end{cases} \qquad (2\text{-}25)$$

在三相静止坐标系中，瞬时有功功率、无功功率的计算表达式写成矩阵形式，即

$$\begin{bmatrix} p \\ q \end{bmatrix} = \begin{bmatrix} e_a & e_b & e_c \\ e_a^* & e_b^* & e_c^* \end{bmatrix} \begin{bmatrix} i_a \\ i_b \\ i_c \end{bmatrix} \qquad (2\text{-}26)$$

由此可知，如果三相电网电压稳定、平衡，改变有功功率和无功功率的参考值就能够确定电流的值，从而实现对并网逆变器电流的控制。

在 $\alpha\beta$ 静止坐标系下，若电网电压保持不变，通过设置瞬时有功功率 p 和瞬时无功功率 q 的值，就可以确定输出电流的值，计算式为

$$\begin{bmatrix} i_\alpha \\ i_\beta \end{bmatrix} = \frac{1}{u_\alpha^2 + u_\beta^2} \begin{pmatrix} u_\alpha & u_\beta \\ -u_\beta & u_\alpha \end{pmatrix} \begin{bmatrix} p \\ q \end{bmatrix} \qquad (2\text{-}27)$$

在 dq 旋转坐标系中，输出电压矢量在 d 轴的分量为一个常数，有功功率、无功功率表示为：

$$\begin{cases} p = \sqrt{\dfrac{3}{2}} U_m i_d \\ q = \sqrt{\dfrac{3}{2}} U_m i_q \end{cases} \qquad (2\text{-}28)$$

通过以上分析可知，如果确定了 p 和 q 的值，那么就能确定不同坐标系下电流的值，即控制了并网逆变器的电流。

并网逆变器三相电流的控制归根结底是通过控制三桥臂开关管的开通和关断，在直接功率控制系统中，控制逆变器的开关管，就可以控制瞬时有功和瞬时无功，其控制原理为：在三相电路中，dq 坐标系中的 d 轴分量常表示无功分量，而 q 轴分量常用于表示有功分量，三相静止坐标系到两相旋转坐标系的变换有将 abc 坐标系中的基波正弦变量变换成 dq 坐标系中的直流变量的作用，有利于控制系统的设计。忽略网侧等效电阻，利用坐标变换，可得 dq 坐标系下的数学模型为

$$\begin{cases} L\dfrac{\mathrm{d}i_d}{\mathrm{d}t} = u_{dc}s_d + \omega Li_q - u_d \\[2mm] L\dfrac{\mathrm{d}i_q}{\mathrm{d}t} = u_{dc}s_q + \omega Li_d - u_q \end{cases} \tag{2-29}$$

其中
$$u_d = \sqrt{\frac{3}{2}}U_m$$

$$s_d = s_a \cos wt + s_\beta \sin wt$$

$$s_q = s_\beta \cos wt - s_a \sin wt$$

由式（2-29）可知，通过控制逆变器网侧电压 u_a 和 u_q 就能控制电流 i_{iq}。另外，由式（2-28）可知，瞬时有功和无功与电流 i_a、i_q 成正比，所以通过控制 u_g 和 u_q 也能控制瞬时有功和瞬时无功。

对式（2-29）第一个公式两边乘以 U_d，第二个公式两边乘以 $-U_g$，则式（2-29）重写为

$$\begin{cases} L\dfrac{\mathrm{d}i_d}{\mathrm{d}t}u_d = u_{dc}s_du_d + \omega Li_qu_d - u_d^2 \\[2mm] -L\dfrac{\mathrm{d}i_q}{\mathrm{d}t}u_d = -u_{dc}s_qu_d - \omega Li_du_d \end{cases} \tag{2-30}$$

代入 $u_d = \sqrt{\frac{3}{2}}U_m$，得

$$\begin{cases} L\dfrac{\mathrm{d}p}{\mathrm{d}t} = \dfrac{3}{2}U_m^2 + \omega Lq - \sqrt{\dfrac{3}{2}}U_mu_d \\[2mm] L\dfrac{\mathrm{d}q}{\mathrm{d}t} = \omega Lp - \sqrt{\dfrac{3}{2}}U_mu_q \end{cases} \tag{2-31}$$

由式（2-31）可知，当三相输出电压不变，逆变器的控制变量为功率 p 和 q，而不是三相电流，这样直接功率控制原理显得更加清晰、直观。如果 PCS 放电运行工况采用功率开环控制方式，使 PCS 在并网放电工况下能按照既定的功率值输出功率。

2.6.2　直接电流控制

电流源型 VSG 种类众多，最底层算法的被控对象均为输出电流。比利时鲁汶大学提出的电流源型 VSG 控制结构如图 2-13 所示。

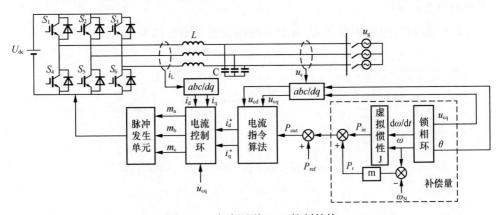

图 2-13　电流源型 VSG 控制结构

由图 2-13 可以看出，该控制方法将采集到的电网电压经锁相环算出此时电网的角频率 ω 的和角频率变化速度 dw/dt，通过虚拟惯性 J 计算 VSG 所需的补偿功率。补偿功率由两部分组成，一部分为模拟同步发电机惯性所需的动态功率 P_{in}，一部分为模拟同步发电机一次调频特性所需的稳态功率 P_r，计算式为

$$\begin{cases} P_{\text{in}} = -Jw\dfrac{\mathrm{d}w}{\mathrm{d}t} \\ P_r = m(w - wn) \end{cases} \tag{2-32}$$

最后得到总的功率为 P_{out}，表示为

$$P_{\text{out}} = P_{\text{ref}} + P_r + P_{\text{in}} \tag{2-33}$$

当电网频率发生暂态调整时，P_{out} 提供了瞬时惯性所需的功率，当电网发生稳态偏差时，P_{in} 提供一次调频所需的功率。二者作为补偿量加到功率给定值 P_{ref} 中，

送到电流指令生成模块，最后给到电流闭环中，进而控制电流的稳定输出。此方法模拟了发电机的惯性，但从真正意义上来讲，电流源型 VSG 和传统同步电机的惯性响应机理还是有所区别。系统受到扰动时，母线频率发生变化，锁相环检测到频率的变化并将当前的频率和变化量给到虚拟惯性中，对输出功率进行调整，最终调节输出频率。在调节过程中惯性响应过程是由锁相环检测频率变化进而给到惯性环节，惯量被动响应，存在延迟。而同步发电机的惯性响应是在系统受到扰动时，同步发电机转矩不平衡，系统立刻调整原动机输出功率，此时惯量主动响应，无延时。从这一点上看，电流型 VSG 的惯性响应不能和传统同步发电机的惯性响应进行等价。

跟网型 PCS 在电网电压 U_g 突变时的相量图如图 2-14 所示。

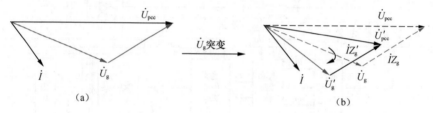

图 2-14　跟网型 PCS 在电网电压 U_g 突变时的相量图

（a）突变前；（b）突变后

图 2-14（b）虚线表示突变前的矢量关系，实线表示突变后的相量关系，U_g 表示电网电压，U_{pcc} 表示并网点电压，$\overline{IZ_g}$ 表示电网阻抗压降，三者在稳态运行时构成相量三角形。当 U_g 发生突变时，由于跟网型 PCS 具有电流源特性控制注入电网的电流，因此电流 I 保持恒定。为达到新的稳态，跟网型 PCS 需要借助锁相环来跟踪电网相位，在锁相环重新跟踪到电网相位之前，为构成新的矢量三角形不可避免地导致并网点 $\overrightarrow{U_{pcc}}$ 的突变。

2.6.3　直接电压控制

目前，各种含 VSC（电压源型换流器）的柔性交直流输电系统的换流器级控制基本均采用直接电流控制，并基于直接电流控制衍生出直流侧定电压控制、并联侧定无功（电压）控制、串联侧定电压控制等。本章涉及一种 UPFC（统一潮流控制器）的直接电压控制策略，将电压前馈与 PI 反馈相结合，其中电压前馈提高了控制系统的响应速度，电压 PI 反馈环节提高了系统的控制精度，且无需电流内环，无需电流采样，简化了控制结构，改善了控制系统的性能。

UPFC 带电动机负载时的拓扑结构如图 2-15 所示。

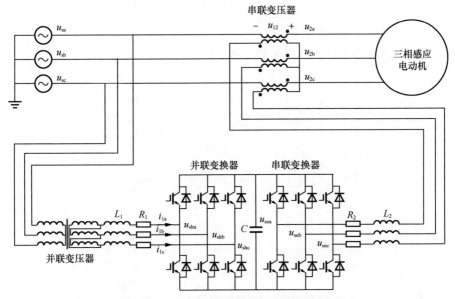

图 2-15 UPFC 带电动机负载时的拓扑结构

U_{2a}，U_{2b}，U_{2c}—UPFC 补偿后电压；u_{12}—串联变压器原边电压；
i_{1a}、i_{1b}、i_{1c}—并联变换器出口电流；u_{sea}、u_{seb}、u_{sec}—并联变换器出口电压；
u_{sa}、u_{sb}、u_{sc}—串联变换器出口电压；C—直流电容，L_1、L_2—分别为并联侧
和串联侧滤波电感；R_1、R_2—分别为滤波电感的等效电阻

由图 2-15 可以看出，UPFC 可以分为并联部分和串联部分。并联部分由并联变换器和并联变压器组成，相当于一个 STATCOM（静止无功补偿器），主要作用是维持直流电容电压恒定并兼具并联节点无功补偿功能；串联部分由串联变换器和串联变压器组成，相当于一个 SSSC（静止同步串联补偿器），其主要作用为通过向线路中串入电压以进行串联补偿、移相以及调节线路传输功率。STATCOM 或 SSSC 单装置只能输出无功功率，但二者通过直流电容连接起来后便可通过直流电容的桥梁作用传递有功功率，可见 UPFC 并非 STATCOM 和 SSSC 的简单叠加。

UPFC 的直接电压控制可分为并联变流器控制策略和串联变流器控制策略两部分。

（1）并联变流器控制策略。并联变换器控制策略如图 2-16 所示。

（2）串联变流器控制策略。通常，UPFC 的串联补偿、移相以及潮流调节功能由串联侧实现，并联侧一般用来稳定直流电容电压，此时可忽略 UPFC 的并联

侧并将 UPFC 串联侧等效为一个可调的电压源。考虑串联变压器漏抗的影响，图 2-16 中 L_{se} 与 R_{se} 为串联侧等效滤波电感及其等效电阻可表示为

$$\begin{cases} L_{se} = L_2 + L_{Tse} \\ R_{se} = R_2 + R_{Tse} \end{cases} \quad (2\text{-}34)$$

式中：L_{Tse} 与 R_{Tse} 为串联变压器漏感及其等效电阻。

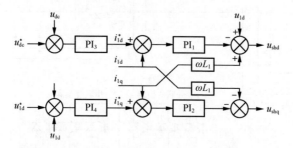

图 2-16　并联变流器控制策略

u_{1d}—系统电压；u_{shd}、u_{shq}—经过并联变压器后的 d 轴分量、q 轴分量；
u_{1d}^*—目标值；u_{dc}^* 和 u_{dc}—直流电容电压目标值和实际值

根据三相 abc 坐标系下 UFPC 的等效电路得到三相 abc 坐标系下 UPFC 的数学模型，即

$$\begin{cases} u_{2a} = u_{sa} + u_{12a} = u_{sa} + u_{sea} - \Delta u_{sea} \\ u_{2b} = u_{sb} + u_{12b} = u_{sb} + u_{seb} - \Delta u_{seb} \\ u_{2c} = u_{sc} + u_{12c} = u_{sc} + u_{sec} - \Delta u_{sec} \end{cases} \quad (2\text{-}35)$$

式中：Δu_{sea}、Δu_{seb}、Δu_{sec} 为串联侧等效滤波电感及其等效电阻上的压降。

对式（2-35）两边同时进行派克变换，可得 UPFC 在同步旋转 dq 坐标系下的数学模型，即

$$\begin{cases} u_{2d} = u_{sd} + u_{12d} = u_{sd} + u_{sed} - \Delta u_{sed} \\ u_{2q} = u_{sq} + u_{12q} = u_{sq} + u_{seq} - \Delta u_{seq} \end{cases} \quad (2\text{-}36)$$

若忽略串联侧等效电感及其等效电阻上的压降，可得串联变换器的输出电压为

$$\begin{cases} u_{sed} = u_{2dref} - u_{sd} \\ u_{seq} = u_{2qref} - u_{sq} \end{cases} \quad (2\text{-}37)$$

但采用式（2-37）控制策略时，势必导致 u_{sed}、u_{seq} 处电压与目标值存在偏差，且负载电流越大，偏差越大。

为此，引入 PI 反馈环节，令

$$\begin{cases} \Delta u_{\mathrm{sed}} = k_{p1}(u_{2d\mathrm{ref}} - u_{2d}) + k_{i1}\int(u_{2d\mathrm{ref}} - u_{2d})\mathrm{d}t \\ \Delta u_{\mathrm{seq}} = k_{p2}(u_{2q\mathrm{ref}} - u_{2q}) + k_{i2}\int(u_{2q\mathrm{ref}} - u_{2q})\mathrm{d}t \end{cases} \qquad (2\text{-}38)$$

2.7 构网型控制

构网型 PCS 控制策略有下垂控制、电压型 VSG、匹配控制，下面分别对这三种控制策略进行介绍。在微电网运行过程中，微电网内的有功功率和无功功率缺额均由储能装置提供。

2.7.1 下垂控制

下垂（droop）控制的思想是通过控制使变流器的输出模拟同步发电机的下垂特性，通过调节微电网变流器输出电压的相位和幅值来调节其输出的有功功率和无功功率。下垂控制原理图如图 2-17 所示。

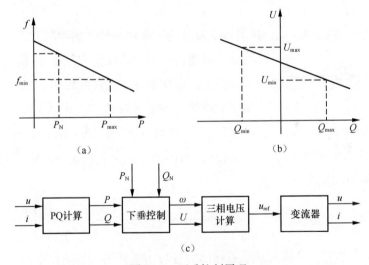

图 2-17　下垂控制原理

（a）频率下垂曲线；（b）电压下垂曲线；（c）下垂控制结构

P、Q—分别表示变流器输出的有功功率和无功功率；P_N、Q_N—分别为变流器输出的有功功率和无功功率的额定值；$Q_{\min}$—变流器输出的无功功率的最小值；$P_{\max}$、$Q_{\max}$—分别为变流器输出的有功功率和无功功率的最大值；f、U—下垂曲线的频率、电压；ω—变流器参考角频率；u_{ref}—变流器参考电压

下垂控制的表达式为

$$f = f_N - K_P(P - P_N) \tag{2-39}$$

$$U = U_N - K_Q Q \tag{2-40}$$

式中　f、U——下垂曲线的频率、电压；

　　f_N、U_N——下垂曲线的频率和电压额定值；

　　K_P、K_Q——有功功率和无功功率的下垂系数。

由式（2-39）和式（2-40）可得

$$k_P = (f_N - f_{min}) / (P_{max} - P_N) \tag{2-41}$$

$$k_Q = (U_N - U_{min}) / Q_{max} \tag{2-42}$$

式中　f_{min}——变流器输出频率最小值；

　　U_{min}——变流器输出电压最小值；

P_{max}、Q_{max}——变流器输出的有功功率、无功功率的最大值。

微电网中有功和无功负荷在执行下垂控制的分布式电源之间分配，具体的分配比例由各分布式电源的下垂系数决定，下垂系数的选择要综合考虑各分布式电源的供电能力。

逆变器下垂控制法是一种类似于发电机下垂控制特性的控制方法，主要用来

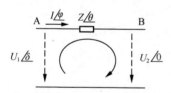

图 2-18　逆变器功率流向图

给逆变器提供参考电压幅值和频率，使输出功率自动合理分配。逆变器功率流向图如图 2-18 所示。假设逆变器滤波电容电压为 $U_1 \angle \sigma$，用 A 点表示，逆变器输出到 PCC 处的电压为 $U_2 \angle 0$，用 B 点表示，$I \angle \varphi$ 表示流行线路的电流，$Z \angle \theta$ 表示线路阻抗，即 $Z=R+jX$。

则逆变器输出的视在功率为

$$S = P + jQ = U_1 e^{j\delta} \left(\frac{U_1 e^{j\delta} - U_2 e^{j0}}{Z e^{j\delta}} \right) = U_1 \frac{(U_1 - U_2\cos\delta) - jU_2\sin\delta}{R - jX} \tag{2-43}$$

简化式（2-43）可得到逆变器输出的有功功率和无功功率分别为

$$P = \frac{1}{R^2 + X^2} \left(RU_1^2 - RU_1U_2\cos\delta - XU_1U_2\sin\delta \right) \tag{2-44}$$

$$Q = \frac{1}{R^2 + X^2} \left(XU_1^2 - XU_1U_2\cos\delta - RU_1U_2\sin\delta \right) \tag{2-45}$$

由于相角差 σ 接近于 0，所以 $\sin\delta=0$，$\cos\delta=1$。并且对功率 P 求关于 δ 的偏导数，对 Q 求关于 U_1 的偏导数，即

$$\begin{cases} \dfrac{\partial P}{\partial \delta} = \dfrac{X}{R^2 + X^2} U_1 U_2 \\[2mm] \dfrac{\partial P}{\partial U_1} = \dfrac{R}{R^2 + X^2} (2U_1 - U_2) \\[2mm] \dfrac{\partial Q}{\partial \delta} = \dfrac{-R}{R^2 + X^2} U_1 U_2 \\[2mm] \dfrac{\partial Q}{\partial U_1} = \dfrac{X}{R^2 + X^2} (2U_1 - U_2) \end{cases} \tag{2-46}$$

在低压微电网中常将系统阻抗设计为 $X \gg R$, R 可忽略不计,因此将式(2-46)简化为

$$\begin{cases} \dfrac{\partial P}{\partial \delta} = \dfrac{U_1 U_2}{X} \\[2mm] \dfrac{\partial P}{\partial U_1} = 0 \\[2mm] \dfrac{\partial Q}{\partial \delta} = 0 \\[2mm] \dfrac{\partial Q}{\partial U_1} = \dfrac{2U_1 - U_2}{X} \end{cases} \tag{2-47}$$

从式(2-47)可看出 P 和 δ 具有强相关性,Q 和 U_1 具有强相关性,又因为 $\delta = wt$,因此用角频率 w 代替 δ 可得到下垂方程为

$$\begin{cases} \omega = \omega_n - m(P - P_o) \\ E = E_n - n(Q - Q_o) \end{cases} \tag{2-48}$$

式中:m 为有功下垂系数;n 为无功下垂系数;w_n 为额定电压角频率;E_n 为额定电压幅值;P_0 为有功功率额定值;Q_0 为无功功率额定值。

由逆变器输出电压 U_{abc} 与输出电流 i_{abc} 计算平均功率 P 和 Q,然后再根据下垂方程合成参考电压,并且输入到电压电流双环控制器,最后经过调制驱动桥式电路工作。

2.7.2 电压型 VSG 控制

恒压恒频(V-f)控制以变流器输出的电压幅值和频率为控制目标,其原理如图 2-19 所示。

设 U_{dc} 为直流侧电压;e_a、e_b、e_c 为 VSG 的内电势;Q 为绝缘栅双极型晶体

管器件；L_1 和 R_1 为逆变器侧阻抗；L_2 和 R_2 为线路阻抗；C 为滤波器电容；U_{abc} 和 i_{abc} 分别为 VSG 输出电压和输出电流。VSG 控制具体数学算法为

$$\begin{cases} P_{set} - P_e + D_p\omega_N\Delta\omega = J\omega_N\dfrac{\mathrm{d}\omega}{\mathrm{d}t} \\ Q_{set} - Q_e + D_q(U_N - U) = K\dfrac{\mathrm{d}E}{\mathrm{d}t} \end{cases} \tag{2-49}$$

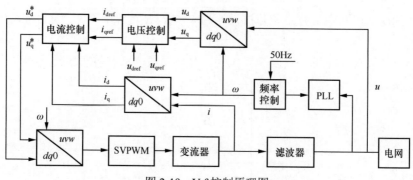

图 2-19　V-f 控制原理图

u—电网电压；u_d、u_q—d、q 轴的电压；u_{dref}、u_{qref}—d、q 轴的参考电压；u_d^*、u_q^*—d、q 轴的 SVPWM 调制电压；i—变流器电流；i_d、i_q—d、q 轴的电流；i_{dref}、i_{qref}—d、q 轴的参考电流；ω—在 PLL 基础上由频率控制环节给出的参考角频率

式中：P_{set}、Q_{set} 为 VSG 有功功率和无功功率的给定值；J、K、D_p、D_q 分别为虚拟惯量、电压系数、有功下垂系数和无功下垂系数；P、Q 分别为 VSG 输出的有功功率和无功功率；ω_N、ω 分别为 VSG 额定角速度和实际角速度；$\Delta\omega$ 为角速度变化量；U_N、U 分别为 VSG 额定电压幅值和输出电压幅值；E 为 VSG 输出电动势。

　　对 VSG 滤波电容电压和输出电流进行采样。通过瞬时功率模块计算得到瞬时输出功率。将 VSG 有功环输出的频率相位和无功环输出的电压幅值合成调制波，输出的调制波信号经过底层电压电流控制环节送入 SVPWM 模块，进而生成驱动逆变器的信号。

　　忽略滤波逆变器侧阻抗的电阻分量 R，传统 VSG 双环控制控制框图如 2-20 所示。

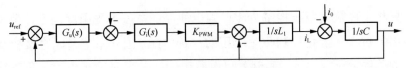

图 2-20 VSG 双环控制模型

$G_u(s)$、$G_i(s)$—分别为电压环控制器和电流环控制器；K_{PWM}—逆变器等效增益；u_{ref}—参考电压

输出电压到参考电压的闭环传递函数为

$$u = H_p(s)u_{ref} - Z_o(s)i_o = U_r - Z_o(s)i_o \qquad (2\text{-}50)$$

式中：$H_p(s)$为电压闭环传递函数；$Z_o(s)$为等效输出阻抗；U_r为等效内电势。

假设 VSG 输出阻抗各序之间没有耦合，则可进一步将输出电压表达成正序分量和负序分量，即

$$\begin{cases} u^+ = U_r - Z_0^+ i_0^+ \\ u^- = 0 - Z_0^- i_0^- \end{cases} \qquad (2\text{-}51)$$

式中：$u+$、$u-$分别表示输出电压的正序和负序分量；Z_0^+、Z_0^-分别表示 VSG 的正序和负序等效输出阻抗。

三相电压不平衡度定义为电压负序分量与电压正序分量的比值。由于本书考虑的是线性不平衡负载，只考虑幅值不平衡，所以 VSG 输出电压不平衡度可以表示为

$$\varepsilon_1 = \frac{\left| U^- \right|}{\left| U^+ \right|} = \frac{\left| -Z_0^- i_0^- \right|}{\left| U_r - Z_0^+ i_0^+ \right|} \qquad (2\text{-}52)$$

公共端负载电压的正负序分量和 VSG 输出电压的关系为

$$\begin{cases} u_0^+ = u^+ - Z_2 i_0^+ = U_r - \left(Z_0^+ + Z_2 \right) i_0^+ \\ u_0^- = u^- - Z_2 i_0^- = -\left(Z_0^- + Z_2 \right) i_0^- \end{cases} \qquad (2\text{-}53)$$

同理，公共端负载电压不平衡度可以表示为

$$\varepsilon_2 = \frac{\left| -\left(Z_0^- + Z_2 \right) i_0^- \right|}{\left| U_r - \left(Z_0^+ + Z_2 \right) i_0^+ \right|} \qquad (2\text{-}54)$$

由式（2-52）可以看出，ε_1与输出电流以及负序输出阻抗有关。若输出电流负序分量或者负序输出阻抗为零，则对应电压不平衡为零。输出电流的负序分量越大，则在 VSG 等效输出阻抗上的压降越大，这将导致电压不平衡度更大。

如果将负序输出阻抗控制为零，则也能保证电压不平衡度为零。由于控制负序输出阻抗实际上是控制负序电压的一种方法，因此本书考虑直接控制输出电压中的负序分量。由式（2-54）可以看出，ε_2 与负序输出电流、负序输出阻抗、线路阻抗有关。如果线路阻抗的影响不可忽略，则不平衡电流在线路阻抗上的不平衡压降会导致 ε_2 的不平衡度超过 2%。通常情况下，输出阻抗和线路阻抗相比非常小。考虑如果负序参考电压中包含 $Z_2 i_0^-$ 这一项，则应能补偿线路阻抗的不平衡压降，所以本书从虚拟阻抗的角度，设计补偿策略来补偿负载电压不平衡度。

V-f 控制采用在 dq 坐标系下电压控制外环和电流控制内环的双闭环结构。电压控制外环稳定变流器交流侧电压幅值和频率，并确定 d 轴和 q 轴电流参考值，电流控制内环按照电压外环给出的电流参考值实现电流的快速跟踪，其输出电压的幅值和相位是可控的，输出电压不再跟随微电网电压，适用于当微电网电压和频率波动较大时，保证微电网稳定的恢复。

2.7.3　匹配控制

PCS 与同步发电机在结构上存在一定的对偶性，储能装置相当于同步电机中的原动机，起着提供能量来源的作用，变流器装置相当于同步发电机，起着电能变换的作用。因此，有学者提出利用 PCS 直流母线电容能量来模拟同步机转子能量，PCS 直流母线电压与同步电机转子角频率、PCS 直流电流与同步电机机械转矩之间具有匹配关系。

将直流母线电容电压 u_{dc} 乘上系数 η 为频率 ω，通过积分环节得到参考电压相位 θ；u_{dc} 与幅值调制比 μ 相乘，得到参考电压幅值 E。根据变流器直流电流 i_{dc} 和同步机机械转矩之间的对偶性。通过调节 i_{dc} 可以改变 u_{dc} 的大小。这种控制方法与 VSG 控制不同点在于匹配控制需要测量直流电压，对 PCS 直流侧电流和电压的稳定提出了更高的要求，假设直流侧电压电流不稳定，则输出的参考相位、电压幅值不稳定，易导致系统功率振荡。目前匹配控制在理论阶段，并未实际应用。

匹配控制可视为是将 VSG 继续发展延伸的一种控制策略。与传统的同步发电机与 VSG 控制不同，匹配控制利用直流电容电压代替同步机中转子的作用，进而实现功率和电压同步。因此匹配控制也被称为直流电容电压控制，其直流侧电容电压暂态与同步机摇摆方程具有一定相似性。其中，u_{dc} 为直流母线电容电压；μ 和 η 为匹配系数，两系数的取值和具体所涉及的电力系统结构相关，在系统不变的情况下此系数不变。与此同时，直流母线电压的改变并不能引起两系数的变化，由直流母线电容电压与其相乘，分别可得到频率和参考电压幅值，并通过对频率的积分形成变流器输出电压的相位参考值，进而对输出电压进行控制，形成功率同步。另外，匹配控制中惯量能量来自电容电压降低时的能量释放，故可保证构网控制策略中必要的惯性支撑及系统稳定。采用匹配控制的优点在于和 VSG 控制相比，其直流电压可控，但有所欠缺的是其值不恒定。且该控制策略需要足够的直流电容容量，适用于多个风机直流端并联或直流电网系统，不适用于单个风机控制。

2.7.4　虚拟振荡器控制

所谓虚拟，是指振荡器回路完全由数字实现；振荡，是指输出电压瞬时值在 RLC 谐振单元与激励源模块的共同作用下，随时间呈周期性变化。根据振荡单元能量的增减可将振荡分为等幅振荡、衰减振荡与增幅振荡。等幅振荡状态下，振荡电路中能量不增不减，即系统中无能量损耗或者外部输入的能量恰巧与内部消耗的能量相等，系统处于平衡状态，振荡幅度保持不变：衰减振荡又称阻尼振荡，指系统中总能量不断衰减，具体体现为振荡幅度的不断减小，系统呈现出阻尼特性；增幅振荡状态指振荡器内部消耗的能量小于外部输入的能量，振荡幅度随之增大。特别的，将无需外部激励便可自行产生固定周期的振荡过程称为自激振荡，在特定条件下，由电容、电感这类储能元件和有源器件构成的振荡器，能产生自激振荡。

虚拟振荡器单元结构如图 2-21 所示，谐振电容 C_{ose}、电感 L_{ose}、电阻 R_{ose} 构成 RLC 线性谐振单元，控制单元为非线性电压控制电流源，$i_{C_{ose}}$、$i_{L_{ose}}$、$i_{R_{ose}}$ 分别为流过 C_{ose}、L_{ose}、R_{ose} 的电流，i_s 为控制单元可控源阻双特性激励源模块

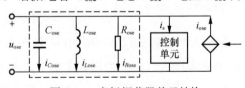

图 2-21　虚拟振荡器单元结构

（source and resistance module，SRM）的输入电流，i_{ose}、u_{ose} 分别为虚拟振荡器的输入电流和输出电压。

振荡角频率 ω_{ose} 取决于虚拟电感与电容的谐振角频率，计算式为

$$\omega_{ose} = \frac{1}{\sqrt{L_{ose}C_{ose}}} \tag{2-55}$$

线性谐振单元可等效为虚拟阻抗 Z_{ose}，即

$$Z_{ose} = R_{ose} // j\omega L_{ose} // \frac{1}{j\omega C_{ose}}$$

$$= \frac{j\omega R_{ose} L_{ose}}{-\omega^2 R_{ose} L_{ose} C_{ose} + j\omega L_{ose} + R_{ose}}$$

（2-56）

控制单元为电压控制电流源，u_{ose} 与 i_s 的数量关系可用非线性源阻双特性函数（source and resistance function，SRF）表示。$i_s = f(u_{ose})$ 的函数关系如式（2-57）和图 2-22 所示，即

$$i_g = f(u_{osc}) = \begin{cases} g_s \cdot u_{ose} + g_s \cdot U_s, & u_{ose} < -\dfrac{U_s}{2} \\[2mm] -g_s \cdot u_{ose}, & -\dfrac{U_s}{2} < u_{ose} < \dfrac{U_s}{2} \\[2mm] g_s \cdot u_{ose} - g_s \cdot U_s, & u_{ose} > \dfrac{U_s}{2} \end{cases}$$

（2-57）

图 2-22 中直线 L 表示虚拟电阻 R_{ose} 对应的负导纳，U_s 为控制单元工作模式电压分界值，斜率 g_s 代表为控制单元等效电导（$1/R_{ose} < g_s < \infty$）。按照工作模式可将该控制函数分为四个阶段，每个阶段控制单元的工作原理分别为：

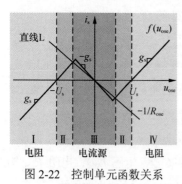

图 2-22　控制单元函数关系

（1）在阶段 I 和 IV 中，即输出电压大于 U_s 时，i_s 与 u_{ose} 正相关，控制单元 SRF 工作在阻抗模式，等效为电阻，因而在控制电源等效电阻以及谐振单元虚拟电阻 R_{ose} 的共同作用下，u_{ose} 幅值逐渐衰减，虚拟振荡器工作在衰减振荡模式；

（2）当虚拟振荡器输出电压小于 U_s，时，i_s 与 u_{ose} 负相关，控制单元工作在电流源模式，向线性谐振单元 Z_{ose} 提供能量，此时需要比较控制单元与谐振电阻的大小以明晰虚拟振荡器的工作模式。在阶段 II，尽管 i_s 与 u_{ose} 负相关，但是 $1/R_{osez} > g_s$，电流源发出的能量小于虚拟电阻消耗的能量，因而虚拟振荡器依旧工作在衰减振荡模式；在阶段 III，由于 $1/R_{osez} \leq g_s$，虚拟电阻所消耗的能量小于电压控制电流源模块发出的能量，因而此阶段虚拟振荡器工作在自激振荡模式。

在分布式虚拟振荡器并联系统中，两台虚拟振荡器虚拟阻抗 Z_{ose} 与控制单元控制函数 SRF 完全相同，且分别独立运行至等幅振荡模式，然后在 t_0 时刻

通过图 2-23（a）所示的 T 型线性阻抗网络（阻抗分别为 Z_a、Z_b）并联。若两台虚拟振荡器输出电压 $u_{ose1}(t)$ 与 $u_{ose2}(t)$ 瞬时值不等，则并联瞬时系统会产生如图 2-23 红色虚线所示的环流 i_{circle}，但在线性阻抗的作用下，两台虚拟振荡器输出电压将逐渐趋于同步，环流将被消除。

零状态时，并联系统各支路电压电流可以表示为

$$\begin{cases} i_{zose1}(0) = i_{s1}(0) \\ i_{zose2}(0) = i_{s2}(0) \\ u_{ose1}(0) = i_{zose1}(0) \cdot Z_{ose} \\ u_{ose2}(0) = i_{zose2}(0) \cdot Z_{ose} \end{cases} \quad (2\text{-}58)$$

在并联的 t_0 时刻，由于两台虚拟振荡器输出电压不等，电压差值为 Δu_{osc}，并联系统的伏安关系可表示为

$$\begin{cases} i_{zose1}(t_0) = i_{s1}(0) - i_{circle}(t_0) \\ i_{zose2}(t_0) = i_{s1}(0) + i_{circle}(t_0) \\ u_{ose1}(t_0) = i_{zose1}(t_0) \cdot Z_{ose} \\ u_{ose2}(t_0) = i_{zose2}(t_0) \cdot Z_{ose} \end{cases} \quad (2\text{-}59)$$

由图 2-23（b）可以得出，在并联阻抗的作用下，两台虚拟振荡器输出电压压差 Δu_{ose} 将持续减小，直至两台虚拟振荡器输出电压相等即 $u_{ose1}(t) = u_{ose2}(t)$ 实现虚拟振荡器输出电压的同步。

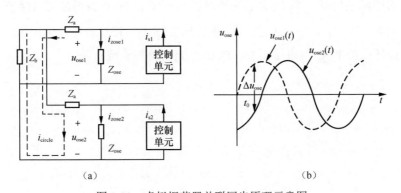

图 2-23　虚拟振荡器并联同步原理示意图

（a）两台虚拟振荡器并联电路；（b）虚拟振荡器输出电压关系

总的来看，构网型 PCS 从输出外特下来看可等效为输出阻抗与可控电压源的

串联。与跟网型控制相比，控制算法给定值发生了变化，不再直接给定功率值，构网型 PCS 需具备与同步发电机相似的输出特性，因此，加入虚拟惯量算法和下垂方程。

假设 u_{pcc} 为公共点电压，i_{pcc} 为公共点电流；$E*$、$\theta*$ 分别表示构网型控制的电压和相位给定值。其中，$E*$ 是由无功功率给定值经过 Q-U 方程后得到，$\theta*$ 是有功功率给定值经过虚拟惯量算法后生成，二者合成电压 E_m，将 E_m 的电压幅值 U_m 和相位 θ 作为 PCS 输出电压和相位的参考值。构网型 PCS 的相量图如图 2-24 所示。

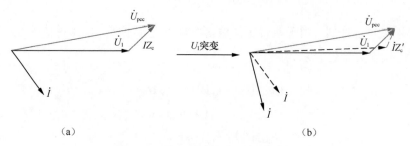

图 2-24　构网型电压突变前后相量图

（a）突变前；（b）突变后

图 2-24（b）虚线表示突变前的相量关系，实线表示突变后的相量关系。$\dot{U}_{pcc}$ 为公共点的电压，$\overline{IZ_c}$ 为 PCS 阻抗压降，U_1 为 PCS 输出端口电压。三者在稳态运行时构成相量三角形。当 U_1 发生突变时，构网型 PCS 具有惯量可以保证 U_{pcc} 恒定。维持统电压稳定。总的来说，构网型 PCS 输出外特性为可控电压源，通过调节阻抗压降维持 PCC 点电压不变，PCC 点处电流与负载有关。

3 储能系统半实物运行测试

3.1 半实物仿真测试

3.1.1 半实物仿真原理

半实物仿真也称硬件在环（hardware in the loop，HIL）仿真，是在物理仿真和数字仿真的基础上发展起来的一种半物理仿真，它是基于被测设备和环境的一种典型半实物仿真方法，实现了某一种设备或外环境的功能。在 HIL 仿真试验中，以仿真模型替代了实际设备或环境，该模型通过接口与真实的控制器一起构成了闭环测试系统。对难以建立数学模型的部件（如换流器、电力电子装置系统），可保留在闭环系统中，如此即可在实验室环境下完成对控制器的测试，并可开展极限测试、故障测试及在实际的环境下费用高昂或不能开展的测试等。HIL 仿真技术充分利用计算机建模的方便性、简易性，减少了费用；便于对系统的输入进行快捷灵活的修改，在改变参数的同时就可以观察到系统性能的变化。对系统中非考察重点的复杂环节，可直接将该硬件连接到仿真系统中，而不必对系统的全部细节进行数学建模。系统架构可以概括为上位机/仿真主机、实时仿真系统及控制器三大部分（见图 3-1）。

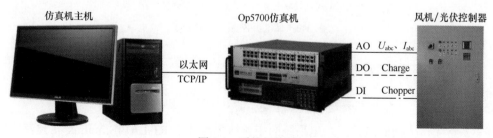

图 3-1 系统架构图

（1）上位机/仿真主机。上位机可为普通的 PC 机，运行在 Windows 系统，并需要安装有相应的离线建模软件，如 Simulink 或者 PLECS 等。其主要功能为离线建模、离线数据分析及实时仿真的管理。

（2）实时仿真系统。实时仿真系统包括 CPU 平台和 FPGA 平台两个部分，本书以 OP5700 仿真机为例。其中 FPGA 平台即为 eHS 的实时仿真平台，进行模型的小步长实时解算，而 CPU 平台则主要作为上位机与 FPGA 平台的通信接口及实时数据存储。实时仿真系统中 CPU 与 FPGA 之间的通信采用的是高速的 PCIe 协议，而由于对实时仿真系统与上位机的通信速率要求不高，故采用的是常用的 TCP/IP 协议。

（3）控制器。构网型储能控制器为真实的待测设备，是储能系统的核心部件。在基于模型的开发流程中，首先会依据储能并网的控制框图建立系统仿真模型，对各个模块及系统的整体功能进行离线仿真分析，调整控制策略、控制参数及关键的主电路参数，验证控制算法和策略的有效性并进行优化设计。在仿真分析满足设计要求之后，将控制器模型实现到真实的控制器（如 DSP 或 FPGA）中，进行硬件在环仿真实验，以解决控制器算法在离线仿真时波形完好而实际控制器控制误差较大的问题。

储能并网系统电路结构如图 3-2 所示，逆变器侧接入 380V 交流电网。

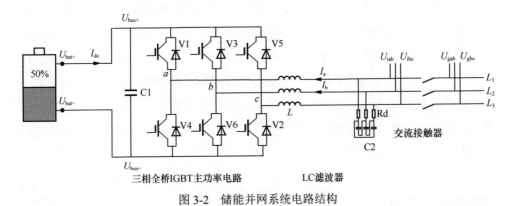

图 3-2　储能并网系统电路结构

3.1.2　半实物仿真模型搭建

3.1.2.1　储能控制器离线模型搭建

首先，依据储能并网发电系统的拓扑结构，基于 RT-LAB/Simulink 搭建其主回路模型，物理电路模型主要包括电池组件（见图 3-3）、直流升压电路、并网逆变器、滤波器、变压器、撬棒（crowbar）电路和卸荷（chopper）电路等。

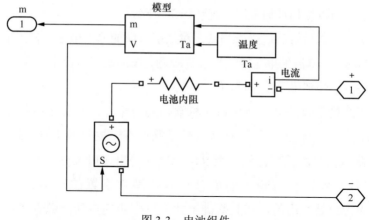

图 3-3　电池组件

（1）荷电状态计算模型搭建。荷电状态计算模型用来表征储能电站当前储能状态，当充满电后将不能继续充电，输入电流最小值被设置为 0；当放完电后将不能继续放电，输入电流最大值被设置为 0。

（2）并网逆变器及滤波电路模型。并网逆变器将直流电转换为符合并网要求的交流电，是储能发电系统中的核心设备，此处，本模型搭建了基于 RLC 滤波的三相逆变电路。物理模型连接端口"＋"和物理模型连接端口"－"分别与储能电池输出电压的正极和负极相连；其中使能端口为三相并网逆变器的控制信号；利用 Goto 模块测量并网点三相电压和三相电流。搭建完成后对逆变器进行参数设置，包括逆变电路类型、滤波方式、电感值和并网点采用的等效方式。

（3）逆变器控制环路搭建。将逆变器输出的三相交流电压和三相交流电流作为控制环路的输入，经派克变换转化为 u_d、u_q、i_d、i_q，其中 u_d 和 u_q 作为电压外环的输入，输出为电流参考值 i_{dref}、i_{qref}，电流内环的参考值 i_{dref}、i_{qref} 与对应的 i_d、i_q 进行比较，经 PI 控制器输出为调制波的 d、q 轴电压分量，经派克反变换后输出三相正弦交流电，作为 PWM 的调制波，与载波信号共同完成 PWM 控制。

并网逆变器控制模型需要外部的输入信号与内部的振荡信号同步，通常利用锁相环路来实现这个目的。锁相环路是一种反馈控制电路，简称锁相环（phase-locked loop，PLL），锁相环的特点是：利用外部输入的参考信号控制环路内部振荡信号的频率和相位。由于锁相环可以实现输出信号频率对输入信号频率的自动跟踪，所以锁相环通常用于闭环跟踪电路。

模型搭建完成后对系统进行测试，对储能系统的输出电压、输出电流、有功功率、无功功率、直流侧电压等波形进行观测，波形幅值与设定一致且波形稳定，则表明所搭建的物理模型是正确的。

（4）离线模型验证 RT-LAB 仿真机端口的可用性。利用带控制环路的物理模型在 RT-LAB 中输出信号（这些信号是测试真实控制器需要用到的信号），考虑每路测试信号的输出比例，在 RT-LAB 的输出端口上进行测量信号，只要测量的信号和物理模型输出的信号符合模型中设置的比例关系，就证明 RT-LAB 的接口是可用的。在此基础上才能进一步完成新能源真实控制器的硬件在环测试。

3.1.2.2　储能控制器仿真环境搭建

（1）主电路模型搭建。应按照图 3-4 所示功率回路拓扑图，基于 RT-LAB 和 MATLAB/Simulink 搭建储能主电路，并且按照图中所示的电压电流及其方向利用电压表和电流表进行采样。将主电路中的电压表、电流表分别进行命名作为 CPU 模型配置仿真机 AO 通道的标志，并分别对电池电压、直流电流、直流母线电压、A 相电感电流、B 相电感电流、逆变侧 AB 线电压、逆变侧 BC 线电压、电网侧 AB 线电压、电网侧 BC 线电压、电网侧三相相电压、电网侧三相线电压进行命名。同时，对开关器件进行命名作为控制器信号通道配置的标志，包括三相逆变器的开关管和并网接触器的受控开关。

蓄电池采用受控电压源表示，命名作为 CPU 模型给定信号的标志，在设置界面中依次设置源信号类型、初始电压等参数，其信号由 CPU 模型提供；直流侧的蓄电池并联一个超级电容，可以实现直流侧稳压，也承担了储能的作用。由于在 Simulink 中电压源不能直接与电容进行并联，故将其进行参数设置：串并联模式、根据实际需求给定电容值和电阻值。有时电阻可忽略不计，这样既不会影响直流侧的电气特性，也能解决在 Simulink 中电压源与电容直接并联会报错的问题。

按收资材料进行逆变器参数的设置，分别设置通用桥的桥臂数、功率器件选择、导通电阻、缓冲电阻和缓冲电容。按收资材料进行主电路中 LC 滤波电路参数的设置，分别设置滤波电感（若有串并联阻值则设置其阻尼电阻）、滤波电容（若有则设置串并联其阻尼电阻）。根据收资材料，电网根据实际设置为统一电压

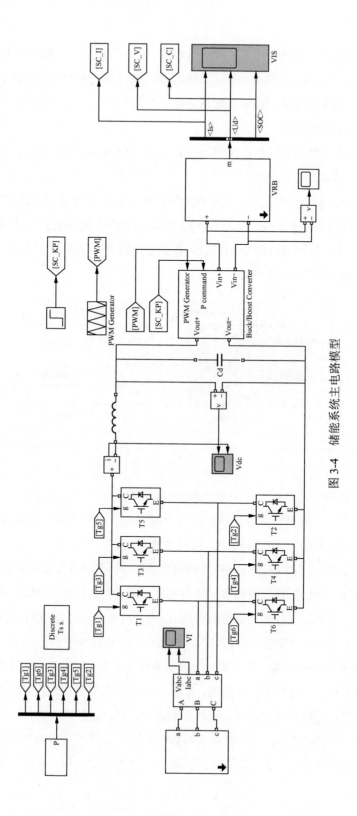

图 3-4 储能系统主电路模型

等级的交流母线，采用受控电压源进行表示，对三个受控电压源分别命名作为CPU模型给定电网三相电压信号的标志，同时设置联结方式及中性点是否接地情况。此外，设置源信号类型、电压初始幅值、电压初始相位、电压初始频率，其受控信号源由CPU模型提供。

主电路模型搭建好后，保存为.mdl文件并命名（如"Hardware_in_the_loop_simulation_model_v1"）。

（2）CPU模型搭建。在主电路模型保存的文件夹下搭建相应的CPU模型（见图3-5），包括SM子系统、SC子系统、Powergui和参数初始化等模块。参数初始化模块对CPU模型运行的步长和ehs模型运行的步长分别进行赋值，同时对模型中的一些通用参数进行赋值。

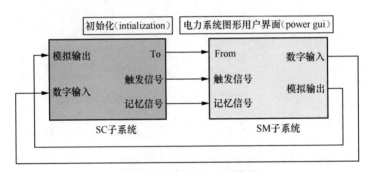

图3-5 储能系统CPU模型

CPU模型主要包括SM子系统和SC子系统。SM子系统主要负责CPU模型的计算功能，下载进仿真机后不能进行实时修改。SM子系统中包含了ehs模块、储能模型和电网给定、DIO模块、采样模块等。

1）ehs模块。储能系统ehs模块的设置页面中，需要设置ehs电路模型的调用、设置解算器和设置采样时间和解算器类型等。在"电路名称"处填写前面搭建好的主电路的文件名（文件名一定严格对应），之后再设置ehs的采样时间、开关电导枚举量；在ehs主电路输入设置界面，设置前面主电路中受控源信号的输入方式及电压/电流源控制枚举量，其中第一个数字为输入类型，其中在ehs开关器件的门极信号设置界面，设置开关控制类型，根据主电路中开关器件的数量设置RT-LAB门极信号数量，根据需要设置开关极性有效方式，并在门极通道选择面板设置开关信号的通道。三相逆变器的开关管和并网接触器的三个受控开关的控制类型通道也需要进行设置。在ehs的通用设置中，需要填入对应控制名称，若是名字设置不一致则不能保障信号的正确调用与传输。

2）储能模型和电网给定。搭建的储能模型由一个蓄电池、一个电容和一个受控电流源组成。按照收资材料进行设置，蓄电池的设置包括类型、标称电压、初始荷电状态等参数。若是收资中直流侧电流过高，则其额定容量按市场通用锂离子蓄电池较大的容量进行设置，而电池响应时间对储能系统并网特性影响不大，故取默认值。图 3-6 为储能主电路模型。

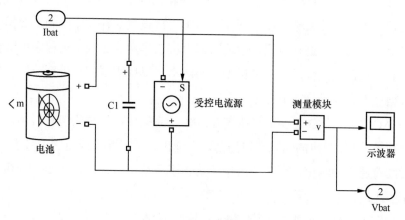

图 3-6　储能主电路模型

电网三相电压的给定模块搭建，电网额定电压来自 SC 子系统中的信号（SC 子系统中的参数可以进行实施修改，定值放在 SC 子系统中便于调试），在输入电网三相正弦信号时，额定电压为线电压有效值，通过计算转换为相电压幅值。正弦信号模块需要对正弦信号幅值、频率、三相的相位进行设置。

3）DIO 模块。DIO 模块总共由四个 DI 模块和一个 DO 模块组成，一个 DI 或 DO 模块可配置一定数量的数字信号，根据收资材料中所示数字信号配置 DI 通道和 DO 通道。根据 ehs 门极信号设置配置 DI 模块通道信号。在 RT-LAB 模型中，只要 DI 模块能接收到合闸信号以及通道配置正确，即可保证主电路模型中并网接触器可合闸，故只需要将 DI 模块接收到的合闸信号引入 DO 模块相应的通道，即为并网接触器合闸标志位信号。

DI 板卡需要填入控制名称，与 ehs 保持一致，并对数据输出数量和可用输入通道数量进行设置，即将该 DI 模块配置到板卡上。DO 板卡的设置与 DI 模块设置相同，故不过多赘述。

4）采样模块。采样模块主要利用两个模块的配合进行采样，主电路中采样的模拟信号都能从 ehs 模块的输出端口引出，将交流测三相相电压、交流测三相线电压、有功功率、无功功率、电池电压、直流电流、A 相电流、B 相电流、电网侧线电压、逆变器线电压输入采样模块。

设置 CPU 模型的仿真步长、采样因子、采样频率、变量名、文件名（在此设置下采样完成后将生成此命名的文件，其中包含一个矩阵变量，按行将采样的变量进行排列）、最大接收的变量组数。由于采样的变量较多，且采样频率较高，仿真时间较长的话文件大小可能达到几百 MB，故设置文件大小限制。数据丢包点根据对信号精度要求进行设置，设置足够大可以尽量避免测试过程中关键波形的缺失；其余设置按默认设置。采样模块的两个子模块需要配合进行使用，保证采样的数据点不会因重复而被覆盖。

5）AO 模块。AO 模块需要搭建在 SM 子系统中，根据收资材料确定模拟信号板卡数量，AO 模块的输入端口为自定义输出，可以配置固定的信号进行输出，方便后续对通道的测试。而其余信号从 SC 子系统中引入，将在 SC 子系统中的 AO 通道配置中进行解释。

AO 模块需要对控制名称（与 ehs 保持一致）、通道数量（保证 AO 板卡通道都可使用）、输出通道数量和输入通道数量，两个 AO 模块设置相似。

3.2　测试项目

3.2.1　测试工况

3.2.1.1　无功小扰动测试

（1）测试原理。无功小扰动测试（也称为无功功率扰动测试或无功注入测试）是一种评估电力系统稳定性的方法。这种测试的基本原理是在电力系统中注入一个小的、可控的无功功率（或电压）扰动，然后观察系统对这种扰动的响应。通过分析系统的响应，可以评估系统的动态特性，如阻尼比和固有频率，进而评估系统的稳定性。在测试开始时，通过电力系统的一部分（如发电机、变压器或其他电力设备）注入一个小的无功功率扰动，这种扰动的幅度足够小以至于不会对系统的正常运行产生影响。扰动注入系统后，观察系统响应，监测并记录各参数变化。对收集到的数据进行分析以识别系统的动态特性，评估系统的稳定性参数。

（2）评估测试结果。如果系统对小扰动的响应显示出良好的阻尼特性和适当的固有频率，那么系统被认为是稳定的。反之，如果响应显示出较低的阻尼比或不希望的频率特性，系统可能存在稳定性问题。通过无功小扰动测试可以对电力系统和搭建的模型的动态性和稳定性有深入的了解。无功小扰动测试原理图如图 3-7 所示。

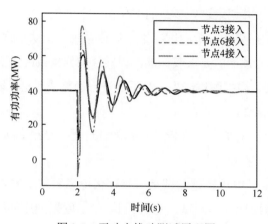

图 3-7　无功小扰动测试原理图

（3）测试目的。

1）评估系统稳定性。通过引入无功小扰动，测试人员可以评估系统在面对电力系统中的瞬时无功功率波动时的稳定性。这对于确保系统在实际运行中能够稳定工作非常重要。

2）检验无功功率控制。无功小扰动测试可以帮助验证系统的无功功率控制功能。这包括系统对快速变化的无功功率需求的响应，以及无功功率调节的准确性和精度。

3）识别系统漏洞。通过观察系统在无功小扰动条件下的响应，测试人员可以发现潜在的设计或执行方面的漏洞。这有助于改进系统的稳定性和性能。

4）符合标准要求。许多电力系统标准和规范要求设备在各种工作条件下保持稳定。无功小扰动测试是确保系统符合这些标准的重要手段。

（4）测试对象：储能机组。

（5）测试步骤。

1）定义测试参数。确定要施加的无功小扰动的类型、幅度、频率和持续时间等参数。这些参数应该根据实际运行情况和相关标准进行选择。

2）准备测试环境。在实验室或模拟环境中设置适当的电力系统仿真环境，包括电源、负载和测试设备。

3）施加无功小扰动。根据定义的参数，引入无功小扰动，观察被测试设备的响应。包括改变系统的无功功率需求或引入无功功率脉冲。

4）监测和记录响应。使用适当的测量设备监测系统的各项性能参数，如电压、电流、功率因数等，并记录这些参数的变化。

5）分析和评估结果。分析测试结果，评估系统在无功小扰动条件下的响应。比较观察到的性能与预期的要求或标准，识别任何异常或改进的可能性。

6）调整和改进。根据测试结果，对系统进行调整或改进，以提高其在无功小扰动下的性能和稳定性。

7）报告和文档。写成测试报告，记录测试过程、结果和执行的操作。

3.2.1.2　低电压穿越测试

（1）测试原理。低电压穿越测试是一种评估电力系统中发电设备在面临短暂电压下降时能否继续运行的测试。这种测试尤为重要，因为要求设备能够在电网电压下降时继续稳定运行。在测试开始前，设置测试参数，包括电压下降的深度、持续时间和恢复速度等。测试过程中，通过特定的测试设备（如电压跌落模拟器）模拟电网发生电压下降的情况，跌落持续一段不同的时间，以模拟不同类型的电网故障。在电压下降期间和之后监测设备的响应以及各参数的变化。根据相关数据评估设备在低电压条件下的表现和稳定性。低电压穿越测试原理图如图 3-8 所示。

（2）测试目的。

1）系统稳定性评估。低电压穿越测试旨在评估系统在面对电压下降（低电压）时的稳定性。这有助于确保系统能够在电力网的不稳定情况下保持正常运行。

2）设备保护性能验证。通过模拟低电压情境，测试人员可以验证设备的保护性能，确保它能够适时地检测低电压并采取必要的措施，如切断电源或采取其他保护措施。

3）符合电力系统标准。电力系统标准通常要求设备在电压下降的情况下仍能正常运行。低电压穿越测试有助于确保设备符合这些标准的要求。

4）系统容错能力评估。测试系统在低电压条件下的响应，有助于评估系统的容错能力，即在不利条件下继续提供可靠服务的能力。

（3）测试对象：储能机组。

（4）测试步骤。

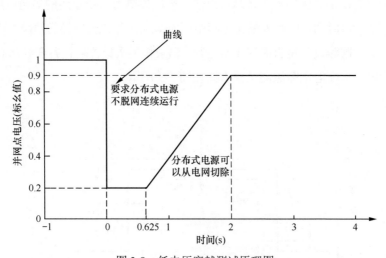

图 3-8　低电压穿越测试原理图

1）确定测试参数。定义低电压穿越测试的参数，包括电压水平、下降速率、持续时间等。这些参数应基于实际运行条件和相关标准。

2）准备测试环境。在实验室或仿真环境中设置合适的电力系统，包括电源、负载和被测试设备。

3）施加低电压。逐步降低电压至预定水平，模拟电力系统中的低电压情境。确保电压下降的速率和持续时间符合预定义的测试参数。

4）监测和记录响应。使用适当的测量设备监测系统的电流、电压、功率等参数，并记录这些参数在低电压穿越测试期间的变化。

5）分析和评估结果。分析测试结果，评估系统在低电压条件下的响应。比较观察到的性能与预期的要求或标准，检测任何异常情况或改进的可能性。

6）调整和改进。根据测试结果，对系统进行调整或改进，以提高其在低电压条件下的性能和保护能力。

7）报告和文档。写成测试报告，记录测试过程、结果和执行的行操作。

3.2.1.3 高电压穿越测试

（1）测试原理。高电压穿越测试是一种用于评估电力系统中的发电设备在面临短暂电压上升时能否继续运行的测试，这种测试对于确保电力系统在电压突增的情况下保持稳定至关重要，尤其是对于连接到电网的可再生能源发电站。在测试前先设置参数，包括电压上升的幅度、持续时间以及电压恢复到正常水平的速度。测试时使用专门的设备（例如电压升高模拟器）来模拟电力系统经历的短暂电压上升，持续不同的一段时间，以此来模仿电网中可能出现的各种电压异常情况。在电压上升期间与之后监测设备是否能够正常运行，记录相关数据评估设备在经历高电压时的运行稳定性。高电压穿越测试原理图如图 3-9 所示。

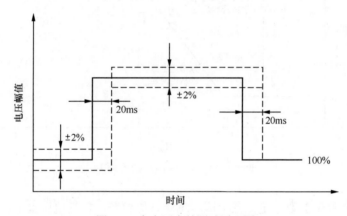

图 3-9 高电压穿越测试原理图

（2）测试目的。

1）系统耐受性评估。高电压穿越测试的目的在于评估系统在电压升高（高电压）情况下的耐受性。这有助于确保系统在电力系统可能出现的异常高电压情境下能够正常运行。

2）设备保护性能验证。通过模拟高电压情境，测试人员可以验证设备的保护性能，确保它能够适时地检测高电压并采取必要的措施，如切断电源或采取其他保护措施。

3）符合电力系统标准。电力系统标准通常要求设备在电压升高的情况下仍能正常运行。高电压穿越测试有助于确保设备符合这些标准的要求。

4）系统容错能力评估。测试系统在高电压条件下的响应，有助于评估系统的容错能力，即在不利条件下继续提供可靠服务的能力。

（3）测试对象：储能机组。

（4）测试步骤。

1）确定测试参数。定义高电压穿越测试的参数，包括电压水平、升高速率、持续时间等。这些参数应基于实际运行条件和相关标准。

2）准备测试环境。在实验室或仿真环境中设置合适的电力系统，包括电源、负载和被测试设备。

3）施加高电压。逐步升高电压至预定水平，模拟电力系统中的高电压情境。确保电压升高的速率和持续时间符合预定义的测试参数。

4）监测和记录响应。使用适当的测量设备监测系统的电流、电压、功率等参数，并记录这些参数在高电压穿越测试期间的变化。

5）分析和评估结果。分析测试结果，评估系统在高电压条件下的响应。比较观察到的性能与预期的要求或标准，检测任何异常情况或改进的可能性。

6）调整和改进。根据测试结果，对系统进行调整或改进，以提高其在高电压条件下的性能和保护能力。

7）报告和文档。写成测试报告，记录测试过程、结果和执行的操作。

3.2.1.4　高低电压连续故障穿越测试

（1）测试原理。高低电压连续穿越测试是低电压穿越和高电压穿越测试的综合，目的是评估电力系统中的发电设备在遭遇电压短暂波动（包括低电压和高电压）时的性能和稳定性。这种测试对于可再生能源发电设备尤其重要，因为它们需要能够在不稳定的电网条件下继续稳定运行。测试开始前，确定测试的参数，如电压变化的幅度、变化速度、持续时间等。使用测试设备（如电压变化模拟器）连续模拟电网中可能发生的高低电压波动情况，包括电压的快速下降和上升。在电压波动期间及之后，观察并记录发电设备的响应，确定其是否能继续运行、保护系统是否适时启动，以及性能参数（如输出功率和电压频率）的变化情况。记录相关数据以评估设备在面对电压波动时的性能和稳定性。

（2）测试目的。

1）全面耐受性评估。高低电压连续故障穿越测试旨在全面评估系统对电压连续变化、从高到低或从低到高的故障情况的耐受性。这有助于确保系统能够适应电力系统中可能发生的多样化电压异常。

2）设备保护性能验证。测试能够验证设备在电压不断变化的情况下的保护性能，确保设备能够有效应对电压连续故障并采取必要的保护措施。

3）符合电力系统标准。电力系统标准通常要求设备在电压连续变化的情况下保持正常运行。这项测试有助于确保设备符合这些标准的要求。

4）系统容错能力评估。通过模拟电压连续变化的情境，测试系统的容错能力，即在不断变化的电压条件下继续提供可靠服务的能力。

（3）测试对象：储能机组。

（4）测试步骤。

1）确定测试参数。定义高低电压连续故障穿越测试的参数，包括电压变化的速率、连续时间、切换频率等。这些参数应基于实际运行条件和相关标准。

2）准备测试环境。在实验室或仿真环境中设置合适的电力系统，包括电源、负载和被测试设备。

3）执行快速电压变化。以快速的速率将电压从高变低或从低变高，模拟快速的电压连续故障。监测系统响应并记录相关参数。

4）执行慢速电压变化。以较慢的速率将电压连续变化，模拟慢速的电压连续故障。再次监测系统响应并记录相关参数。

5）分析和评估结果。分析两个阶段的测试结果，评估系统在快速和慢速电压变化条件下的响应。比较观察到的性能与预期的要求或标准，检测任何异常情况或改进的可能性。

6）调整和改进。根据测试结果，对系统进行调整或改进，以提高其在电压连续变化条件下的性能和保护能力。

7）报告和文档。写成测试报告，记录测试过程、结果和执行的操作。

3.2.2　测试项目

3.2.2.1　稳态测试

采用平均值模型进行稳态测试，功能测试的所有电压电流和有功无功曲线在所有阶段都在合理范围内。评估储能系统从完全停机状态到全运行状态（或反向）的能力和性能，确保启动和停机过程平稳无振荡，对电网影响最小。从停机状态开始，逐步增加控制信号，模拟启动命令。观察系统的响应，包括启动时间、系统稳定性以及启动期间的任何异常情况。在系统达到稳定运行状态后，逆向执行停机测试，逐渐减少控制信号，直到系统完全停止，某储能系统整体结构图如图 3-10 所示，某储能变流器结构图如图 3-11 所示。

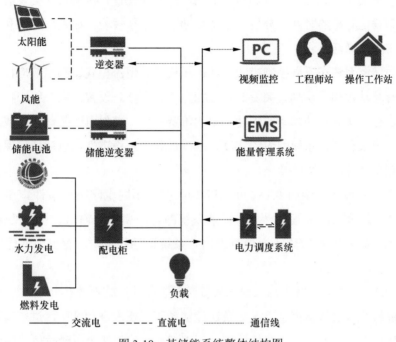

图 3-10 某储能系统整体结构图

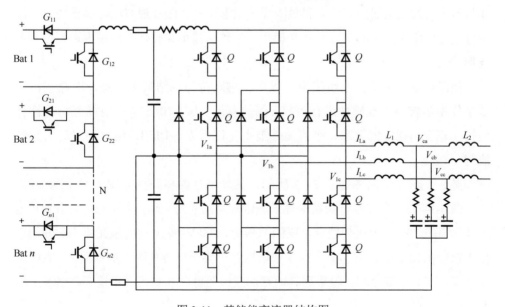

图 3-11 某储能变流器结构图

验证储能系统在接收到功率调整指令时的响应速度和准确性，确保系统能够快速且精确地调整输出功率以匹配电网需求。在稳定运行条件下，给出突然增加或减少功率的指令。记录系统对指令的响应时间和过程，包括功率变化的平滑度和达到新稳定状态的时间。分析功率变化期间的系统性能，如效率变化和任何可能的系统保护激活。

评估储能系统在不同控制模式（如恒压模式、恒流模式、频率响应模式等）下，对有功功率和无功功率突变的响应能力和稳定性。设置储能系统在特定控制模式下运行。实施有功功率或无功功率的阶跃变化，模拟电网条件变化或运营需求变化。记录和分析系统响应的速度、准确性和系统稳定性，包括任何保护装置的激活和系统性能参数的变化。

设定阻尼系数（例如 0.15、0.5 和 1），模拟不同电网阻尼条件。在每种阻尼系数下，进行长时间运行测试，记录系统的有功和无功输出、电压和电流值。分析数据，确保所有参数在合理范围内，系统运行稳定，没有出现性能下降的情况。

3.2.2.2 详细动态对比测试和宽频振荡阻抗特性一致性校核

储能机组按照规定测试工况集及连续穿越测试要求进行试验，进行变压器高压侧电压电流瞬时值、变压器低压侧电压电流和直流母线电压瞬时值、瞬时有功和瞬时无功及控制器的高低穿和故障保护状态位的详细波形对比。对比的三个波形分别为由厂家提供的 IGBT 封装模型、平均值模型和硬件在环模型运行得到的波形。

按照规定给出储能机组工况，以半实物阻抗扫描结果为依据，对储能机组数字模型阻抗特性准确性进行校核，偏差满足 NB/T 10651《风电场阻抗特性评估技术规范》规定的要求，幅值偏差最大允许值为 $\pm 10dB$，相位偏差最大允许值为 $\pm 10°$。

某逆变器主电路图如图 3-12 所示，某功率回路拓扑图如图 3-13 所示。

图 3-14 表示在实际有功功率等于额定有功功率的 90%，实际无功功率为额定无功功率的 30%，电压为额定电压的 80% 时，35kV 侧 A 相电压在第 10s 开始进行 1.727s 的低电压穿越。从图 3-14 中可以看出实测与仿真图线基本重合，表明建模严谨，参数设置合理。再根据其他测试波形图可以基本认定建模符合该工况环境下的运行。

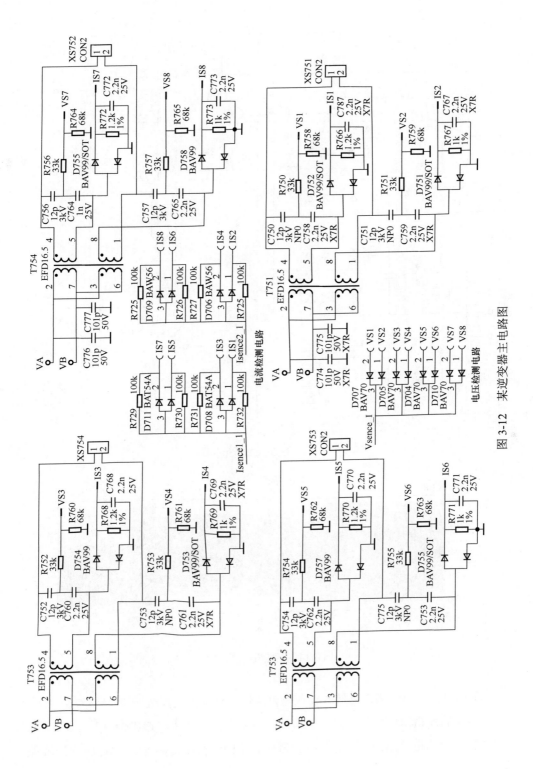

图 3-12 某逆变器主电路图

73

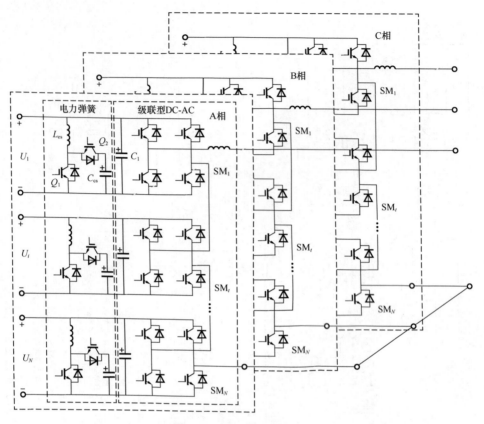

图 3-13　某功率回路拓扑图

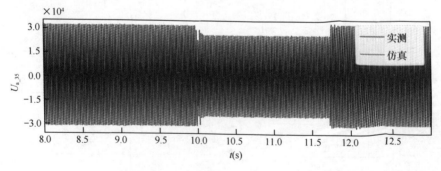

图 3-14　储能机组测试图

3.2.2.3　不同短路比电网的接入能力测试（短路比适应性测试）

按照储能机组的额定容量，平均值模型还进行 5 种典型短路比（1.8、2.5、4、10、20）下的折算出的短路容量进行测试。不同短路比按照理想电源加 RL 支路的模式进行模拟，短路比 1.5 按照多级变压器进行模拟，按照规定测试工况集及连续穿越测试，测试主电路如图 3-15 所示，功率回路拓扑图如图 3-16 所示。

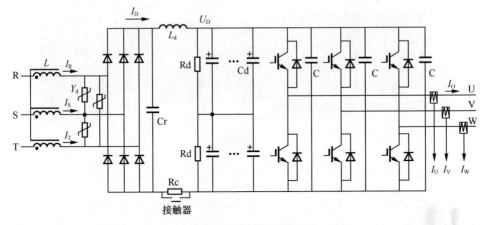

图 3-15　测试主电路图

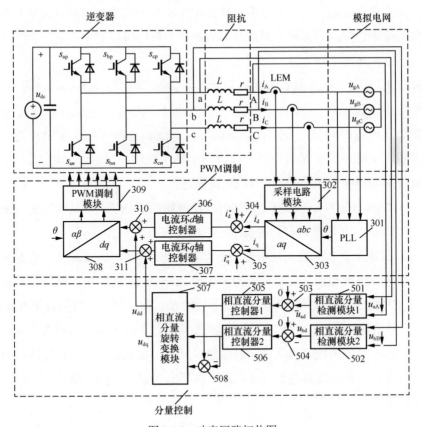

图 3-16　功率回路拓扑图

图 3-17 是在短路比不同的工况下的多短路比测试波形图。

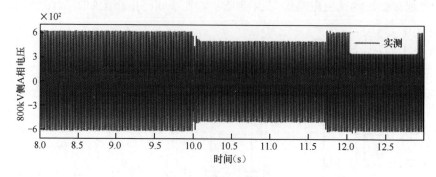

图 3-17　短路比测试图

图 3-17 表示在实际有功功率为额定有功功率的 90%，实际无功功率为额定无功功率的 30%，电压为额定电压的 80%时，800kV 侧 A 相电压在第 10s 开始进行 1.727s 的低电压穿越。该工况是多短路比在 1.8 时的实测波形图。根据要求再进行其他短路比的测试，再根据同工况其他测试波形图可以基本认定作者的建模是能符合该工况环境下的运行。

3.2.2.4　Linux 和 Windows 对比测试

储能机组按照规定测试工况集及连续穿越测试要求进行试验，进行变压器高压侧电压电流瞬时值、变压器低压侧电压电流和直流母线电压瞬时值、瞬时有功和瞬时无功及控制器的高低穿和故障保护状态位的详细波形对比。对比的波形分别由 Windows 系统和 Linux 系统仿真得到。

进行 Windows 与 Linux 对比测试时的模型如图 3-18 所示，某储能变流器模型内部结构如图 3-19 所示，得到的某工况下的波形如图 3-20 所示。

图 3-20 表示在实际有功功率等于额定有功功率的 90%，实际无功功率为额定无功功率的 30%，电压为额定电压的 80%时，35kV 侧 B 相电流在第 10s 开始进行 1.727s 的低电压穿越。该测试目的是通过对 Windows 系统和 Linux 系统中运行波形进行对比得到控制器厂家与本书建模的契合性。从图 3-20 中可以看出 Windows 系统与 Linux 系统图线基本重合，表明建模严谨，参数设置合理，与控制器厂家模型契合度高。再根据其他测试波形图可以基本认定本书的建模是能符合该工况环境下的运行。

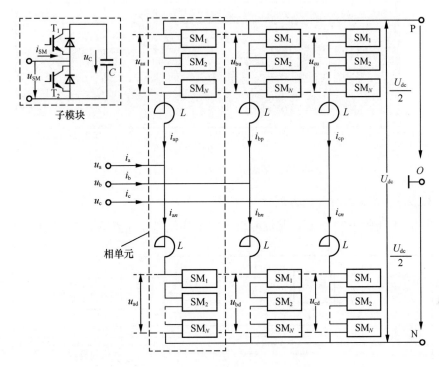

图 3-18 某储能变流器模型整体结构图

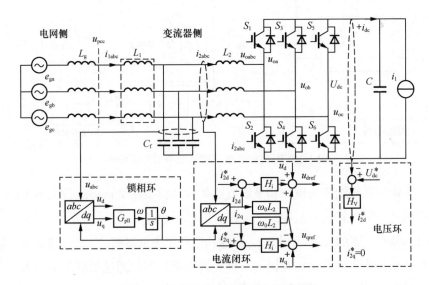

图 3-19 某储能变流器模型内部结构图

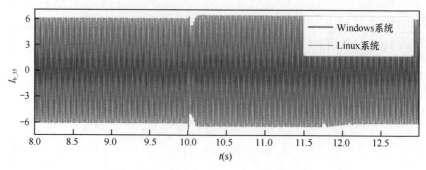

图 3-20　Windows 与 Linux 对比测试图

3.2.2.5　多实例运行能力测试

图 3-21 和图 3-22 分别是某储能机组的平均值和详细值模型的系统拓扑图。

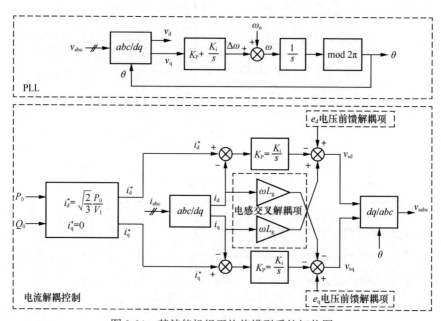

图 3-21　某储能机组平均值模型系统拓扑图

厂家建立的详细开关模型和平均值数字封装模型在 Windows 平台和 Linux 平台上正确运行采用相同封装库的 2 个以上的单机模型。

（1）基于厂家的数字封装模型，厂家构建两个单机案例：①一个有故障；②一个没有故障。构建一个双机案例（双机案例由单机案例通过单机算例导入一步完成），双机之间没有任何联系，一机设为有故障的，一机无故障。

（2）厂家分别运行三个案例（两个单机和一个双机案例）。

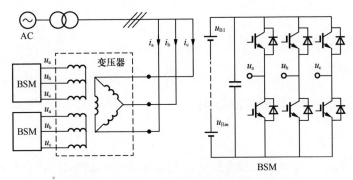

图 3-22　某储能机组详细值模型系统拓扑图

（3）结果校核。双机仿真中每一机的仿真结果要与相应单机算例的仿真结果完全一致（厂家封装模型的控制信号曲线完全重合）。

图 3-23 和图 3-24 是在进行多实例运行能力测试时的部分工况的波形图。两图分别表示在 Windows 系统和 Linux 系统下单机和双机都没有故障时的测试电压标幺值和无功功率标幺值波形图，该测试目的是通过对单机和双机对比波形来表明本书所建模型的合适性。从图中可以看出单机运行与多机运行图线基本重合，表明建模严谨，参数设置合理。再根据其他测试波形图可以基本认定本书的建模是符合该工况环境下的运行的。

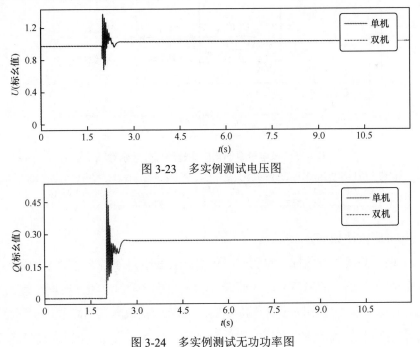

图 3-23　多实例测试电压图

图 3-24　多实例测试无功功率图

3.3 测试数据

3.3.1 测试数据标准及要求

3.3.1.1 测试原理

计算测试与仿真数据的线电压、有功功率、无功功率、有功电流和无功电流的基波正序分量。为保证测试数据与仿真数据对比的有效性，所有模型验证数据应采用相同的量纲、时标和分辨率格式，仿真数据与测试数据的时间序列应同步。对于风电机组电磁暂态模型验证，测试与仿真数据的正序基波分量（负序基波分量）的分辨率应不低于 1kHz；对于风电机组机电暂态模型验证，测试与仿真数据的正序基波分量（负序基波分量）的分辨率应不低于 100Hz。

以测试数据为依据，对故障过程进行分区，图 3-25 为低电压穿越过程分区示例，高电压穿越过程分区方法相同。

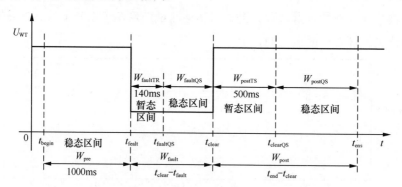

图 3-25 风电机组低电压穿越过程分区示意图

U_{WT}—储能机组机端电压测试值基波正序分量；t_{begin}—故障穿越过程进行模型验证的开始时刻；
t_{fault}—故障开始时刻；$t_{faultQS}$—故障后的稳态开始时刻；t_{clear}—故障结束时刻；
$t_{clearQS}$—故障清除后的稳态开始时刻；t_{end}—故障穿越过程结束时刻

具体分区方法如下：

（1）根据测试电压数据，将测试与仿真的数据序列分为 W_{pre}（故障前）、W_{faul}（故障期间）、W_{post}（故障后）三个时段：①W_{pre} 是故障前时段，时间范围为 t_{begin} 到 t_{fault}，t_{begin} 一般为电压跌落或升高前 1s；②W_{fault} 是故障期间时段，时间范围为 t_{fault} 到 t_{clear}；③W_{post} 是故障后时段，时间范围为 t_{clear} 到 t_{end}，t_{end} 一般为故障清除后，

80

储能机组有功功率开始稳定输出后的 1s。

（2）将 W_{faul}（故障期间）和 W_{post}（故障后）两时段划分为电压骤变的暂态区间和稳定运行的稳态区间：①W_{faulTR} 为故障发生时电压骤升或骤降的暂态区间，通常为 140ms，若暂态过程未在 140ms 后未结束，则分别以有功电流、无功电流的波动进入±10%额定电流范围内时刻的后 20ms 为故障期间有功功率、有功电流暂态区间的结束和无功功率、无功电流、电压暂态区间的结束；②W_{faulQS} 为故障期间的稳态区间；③W_{postTR} 为故障恢复时电压骤升或骤降的暂态区间，通常为 500ms；④W_{postQS} 为故障恢复后的稳态区间。

3.3.1.2 误差要求

计算测试数据与仿真数据之间的偏差，考核模型的准确程度。测试与仿真数据偏差计算的电气量包括：电压 U（仅全系统法模型仿真用）、有功功率 P、无功功率 Q、有功电流 I_P、无功电流 I_Q。

偏差类型包括平均偏差、平均绝对偏差、最大偏差以及加权平均绝对偏差。采用电磁暂态仿真和机电暂态仿真的模型验证偏差计算窗口不同（见表 3-1 和表 3-2），其中电磁暂态仿真模型稳态和暂态区间的偏差分别计算，机电暂态仿真模型稳态和暂态区间的偏差合并计算或仅计算稳态区间偏差。

表 3-1 电磁暂态仿真模型偏差计算窗口

时段	最大偏差	平均偏差	平均绝对偏差
故障前	稳态区间	稳态区间	稳态区间
故障期间	稳态区间	暂态区间	暂态区间
		稳态区间	稳态区间
故障后	稳态区间	暂态区间	暂态区间
		稳态区间	稳态区间

表 3-2 机电暂态仿真模型偏差计算窗口

时段	最大偏差	平均偏差	平均绝对偏差
故障前	稳态区间	稳态区间	稳态区间
故障期间	稳态区间	暂态区间+稳态区间	稳态区间
故障后	稳态区间	暂态区间+稳态区间	暂态区间+稳态区间

用 x_{sim} 和 x_{mea} 分别表示模型验证电气量的仿真数据和测试数据基波正序分量的标幺值。第 n 个仿真数据与测试数据的偏差为

$$\sigma(n) = x_{\text{sim}}(n) - x_{\text{mea}}(n) \tag{3-1}$$

（1）平均偏差。在包含 N 个时间步长的稳态和暂态区间内，计算测试数据与仿真数据基波正序分量差值的算术平均并取其绝对值，用 σ_{ME} 表示，计算式为

$$\sigma_{\text{ME}} = \left| \frac{\sum_{n=1}^{N} \sigma(n)}{N} \right| \tag{3-2}$$

（2）平均绝对偏差。在包含 N 个时间步长的稳态和暂态区间内，计算测试数据与仿真数据基波正序分量差值的绝对值的算术平均，用 σ_{MAE} 表示，即

$$\sigma_{\text{MAE}} = \max(|\sigma(1)|, |\sigma(2)|, \cdots, |\sigma(N)|) \tag{3-3}$$

（3）加权平均绝对偏差。分别计算有功功率、无功功率、有功电流、无功电流在故障前、故障期间和故障后时段的平均绝对偏差，以 $\sigma_{\text{MAEP\_pre}}$、$\sigma_{\text{MAEP\_fault}}$、$\sigma_{\text{MAEP\_post}}$、$\sigma_{\text{MAEQ\_pre}}$、$\sigma_{\text{MAEQ\_fault}}$、$\sigma_{\text{MAEQ\_post}}$、$\sigma_{\text{MAEIp\_pre}}$、$\sigma_{\text{MAEIp\_fault}}$、$\sigma_{\text{MAEIp\_post}}$、$\sigma_{\text{MAEIq\_pre}}$、$\sigma_{\text{MAEIq\_fault}}$、$\sigma_{\text{MAEIq\_post}}$ 表示。

以故障期间的有功功率平均绝对偏差 $\sigma_{\text{MAEP\_fault}}$ 为例，在包含 N 个时间步长的故障期间时段内，计算平均绝对偏差，即

$$\sigma_{\text{MAEP-fault}} = \frac{\sum_{n=1}^{N} |x_{\text{sim}}(n) - x_{\text{mea}}(n)|}{N} \tag{3-4}$$

将各时段的平均绝对偏差进行加权平均，得到整个故障过程的加权平均绝对偏差。W_{pre}（故障前）、W_{fault}（故障期间）、W_{post}（故障后）三个区间的权值分别是 10%、60%、30%。

以有功功率为例计算加权平均绝对偏差，即

$$\sigma_{G_p} = 0.1\sigma_{\text{MAEP-pre}} + 0.6\sigma_{\text{MAEP-fault}} + 0.3\sigma_{\text{MAE-post}} \tag{3-5}$$

记录每个验证工况的偏差计算结果。

偏差计算结果应满足的条件为：①储能机组电气仿真模型的稳态区间电压平均绝对偏差不超过 0.05；②储能机组电磁暂态仿真模型的有功功率、无功功率、有功电流和无功电流平均偏差、平均绝对偏差、最大偏差和加权平均绝对偏差应不大于表 3-3 中的偏差最大允许值；③储能机组机电暂态仿真模型的有功功率、

无功功率、有功电流和无功电流平均偏差、平均绝对偏差、最大偏差和加权平均绝对偏差应不大于表 3-3 中的偏差最大允许值。

表 3-3　　　　故障穿越特性电磁暂态模型验证偏差最大允许值

电气参数	X_{ME1}	X_{ME2}	X_{MAE1}	X_{MAE2}	X_{MXE1}	X_G
有功功率	0.07	0.20	0.10	0.25	0.15	0.10
无功功率	0.07	0.20	0.10	0.25	0.15	0.10
有功电流	0.10	0.20	0.15	0.30	0.15	0.10
无功电流	0.07	0.20	0.10	0.30	0.15	0.10

注　X_{ME1}—稳态区间平均偏差最大允许值；X_{ME2}—暂态区间平均偏差最大允许值；X_{MAE1}—稳态区间平均绝对偏差最大允许值；X_{MAE2}—暂态区间平均绝对偏差最大允许值；X_{MXE1}—稳态区间最大偏差最大允许值；X_G—加权平均绝对偏差最大允许值。

3.3.2　数据处理

在上位机通过 RT-Lab 按照设定好的工况对储能控制器进行测试得到电压、电流等数据。

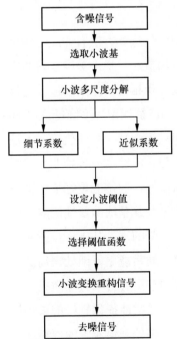

图 3-26　小波去噪流程图

3.3.2.1　噪声处理

通过实际控制器连接 RT-lab 得到的测试信号通常不是纯净的，需要进一步处理。首先是去除噪声，利用目前发展最为成熟的小波变换去噪。小波降噪是一种基于小波变换的信号处理技术，广泛应用于信号的去噪。其基本原理是利用小波变换将信号分解到不同的频率尺度上，然后通过在小波域进行阈值处理来去除噪声，最后再重构出去噪后的信号，小波降噪的流程可由图 3-26 表示。

使用小波降噪首先是选择小波基函数，不同的小波基函数在时频特性上有所不同，适用于不同类型的信号分析，包括 Haar 小波、Daubechies 小波、Symlets 小波、Coiflets 小波、Morlet 小波和 Mexican Hat 小波等。每一种小波基函数都有各自的特点和适用范围，如 Haar 小波是最基本的小波，定义为一个简单的分段常数函数，它的离散性使得 Haar 小波计算起来非常直接和高效，此外，Haar 小波具有正交性，这使得信号可以被有效地分解和重建，Haar 小波适用于处理离散信号和具有明显突变的信号，如边缘检测等情况；相比于 Haar 小波，Daubechies 小波具有紧支撑性，其非零值仅在有限的区间内存在，并且可以设计为不同的阶数，阶数越高，具有更好的平滑性和更高的分辨率，Daubechies 小波基也具有正交性，可以在小波变换中实现高效的分解和重建，适用于对信号的详细分析，尤其是当信号的特征需要更高的分辨率时；Symlets 小波具有对称性，这是 Sym 用于区别其他小波基函数的一个特诊，此特征改善了对称信号的处理效果，换句话说，Symlets 是 Daubechies 小波的改进版本，通过调整使得其对称性得到增强，具有较好的平滑性，适合处理光滑信号；Coiflets 小波设计有多尺度的特性，提供更好的局部平滑性和局部特性，相比 Daubechies 小波具有更高的平滑性，能够处理更复杂的信号特征；Morlet 小波是复数形式的，结合了高斯窗函数和正弦波，在频域上，Morlet 小波具有良好的频谱特性；Mexican Hat 小波是高斯函数的二阶导数，形状类似于一个"倒扣的碗"，其在边缘检测中表现良好，适用于处理具有明显边缘或有明显尖峰的信号。

阈值在小波降噪过程中是一个重要指标，常见的阈值选择方法有非线性阈值方法、自适应局部阈值法、多尺度阈值法、模糊逻辑阈值法、基于深度学习的方法和正则化阈值方法等。阈值的选择直接影响到小波降噪结果，如果阈值设定过大，存在将一部分有用信号当作噪声滤除，原始信号的特征保留程度降低;如果阈值过小，大量的噪声会保留影响进一步的信号辨识和重构。每一种阈值确定方法都有各自的优点和不足，如非线性阈值方法的灵活性强，能够适应各种非线性噪声特性，并根据局部特性调整去噪策略，并且细节保留好，通常能更好地保留信号的细节，避免过度平滑，但是计算复杂度高，需要进行复杂的非线性运算，而且实现难度大，实施和调整过程可能较为复杂，需要较强的理论基础；自适应局部阈值法局部适应性强，能够根据局部信息调整阈值，通常能更好地处理局部噪声，保留信号细节但是局部阈值的参数选择需要精细调节，会影响去噪效果；多尺度阈值法能够利用不同尺度的信息来改进去噪效果，通常能提供较好的去噪性能，特别是对多尺度信号处理有效；模糊逻辑阈值法能够处理信号中的模糊性和不确定性，适应性强，其基于模糊逻辑理论，有较强的理论依据，能够提供合理的阈值选择；基于深度学习的方法自适应能力强；能够通过训练自动学习最佳阈值，适应各种信号和噪声特性；正则化阈值方法通过正则化能够平衡去噪效果和模型复杂度，提高去噪性能，基于正则化理论，有较好的数学基础。

小波变换的另一个关键是阈值函数的选择，目前最为常用的有硬阈值和软阈值，两者的计算公式分别为

$$\hat{d}_{j,i} = \begin{cases} d_{j,i} & |d_{j,i}| \geqslant \lambda_j \\ 0 & |d_{j,i}| < \lambda_j \end{cases} \tag{3-6}$$

$$\hat{d}_{j,i} = \text{sign}(d_{j,i}) \cdot \max(|d_{j,i}| - \lambda_j, 0) \tag{3-7}$$

硬阈值方法将小波系数与一个设定的阈值进行比较。对于大于阈值的系数，保持其原值；对于小于阈值的系数，置为零。硬阈值的处理方式实现简单，容易理解，并且只需要简单的条件判断和赋值操作，计算复杂度低，对于大部分小波系数，小于阈值的系数被直接置为零，从而去除大量噪声。但是硬阈值可能导致信号失真，尤其在阈值附近的系数被直接置零，可能会丢失重要的信号细节，还可能引起显著的边界效应，因为小于阈值的系数被完全去除，可能导致恢复信号的尖锐边缘。软阈值方法对小波系数进行阈值处理时，不仅将小于阈值的系数置为零，而且对大于阈值的系数进行缩小。这样做的目的是平滑信号的边界，避免了硬阈值带来的尖锐边界效应，在去噪的同时，能够保留更多的信号细节，避免过度的信号失真，但是软阈值的处理需要进行系数的缩小和符号函数的计算，计算复杂度略高于硬阈值，并且二由于缩小操作，可能会引入一些伪影，使得恢复信号的细节变得不那么清晰。两种阈值哈数的函数可由图 3-27 表示。

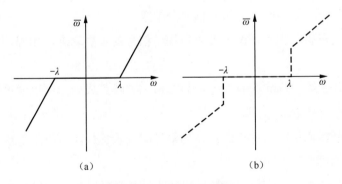

图 3-27　软/硬阈值函数

（a）软阈值函数图；（b）硬阈值函数图

3.3.2.2 异常值处理

在噪声处理之后，信号中的某些异常值在降噪之后的信号中能更加明显得观察到，由于其偏离正常值太多而不会被小波变换降噪技术去除，因此针对这些异常值还要进一步处理。使用经验模态分解（empirical mode decomposition，EMD）分解对信号中的异常值进行处理，将经过 EMD 后的信号加载进辨识程序。

EMD 是一种时间序列数据的自适应分解方法，它可以用来处理包含异常值和非线性、非平稳信号的信号处理问题。本质是一种自适应的信号分析方法，旨在将复杂的信号分解为一系列固有模态函数（intrinsic mode function，IMF）。这些固有模态函数捕捉到了信号的本质特征，可以被看作是信号中不同时间尺度的振荡模式。EMD 分解的特点可以概括为自适应性、局部性、完备性、时频表示。

（1）自适应性：EMD 根据信号的特点自动确定分解的频率和振荡模式，无需任何预定义的基。

（2）局部性：每个 IMF 代表了信号在特定时间点的局部特性，这使得 IMF 可以表示信号的瞬时频率和振荡模式。

（3）完备性：固有模态函数和残余趋势的总和能够完全重构原始信号，没有信息的损失。

（4）时频表示：每个固有模态函数可以提供信号的时频局部特性，为时频分析提供了有用的工具。

EMD 的核心思想是将信号分解为一组固有模态函数和一个残差项。每个 IMF 代表信号中不同尺度的局部特征，可以用于不同的分析和处理任务，如趋势分析、噪声去除、特征提取、时频分析、信号分解等。

（1）趋势分析：固有模态函数可以揭示信号的本质动态，如周期性变化、突变和趋势。

（2）噪声去除：高频固有模态函数通常包含噪声成分，可以通过选择性地重构信号（省略这些 IMFs）来去除噪声。

（3）特征提取：固有模态函数作为信号的代表特征，可以用于模式识别、故障检测和其他机器学习应用。

（4）时频分析：固有模态函数可以用于计算瞬时频率，帮助分析非平稳信号的频率随时间的变化。

（5）信号分解：对于复合信号，固有模态函数可以帮助识别和分离混合在一起的不同信号源。

EMD 和 IMFs 提供了一种直观、灵活且有效的方式来分析和理解复杂信号的结构和动态。这些 IMFs 的意义在于它们反映了信号内部的自然振荡模式，不受限于任何事先定义的数学基础。EMD 的分解步骤为：

（1）根据输入时间序列 $X(t)$，判断输入是否单调，如果单调则为残差，否则继续分解。

（2）由于 EMD 分解存在端点效应，即在信号的端点处，由于缺乏数据点以构建完整的局部极值包络，导致了模态函数在边界处的不稳定性。因此，本模型采用镜像延拓法对端点进行延拓，共延拓 800 个点，以减轻端点效应的影响。如图 3-28 所示，延拓后的信号通过镜像扩展，有效地减小了端点效应对信号分析的影响。

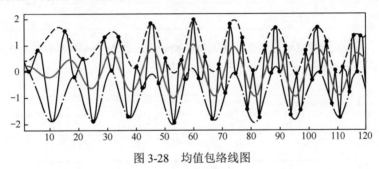

图 3-28　均值包络线图

（3）利用延拓后的序列的局部极大值和局部极小值确定上包络线 $U(t)$ 和下包络线 $L(t)$。

（4）计算包络线均值 $A(t)$ 和新序列 $N(t)$。并将 $A(t)$ 的前后端分别移除掉 800 个点得到 $G(t)$。

$$A(t) = (U(t) + L(t)) / 2$$
$$N(t) = X(t) - G(t)$$

（3-8）

（5）判断 $N(t)$ 是否满足式（3-9）。如果满足则为模态函数之一，否则将 $N(t)$ 作为步骤（1）的输入。

$$K_{\max} + K_{\min} \leqslant C + 1$$
$$U(t) + L(t) = 0$$

（3-9）

式中：$K_{\min}$ 为 $N(t)$ 的极大值个数；$K_{\min}$ 为极小值个数；C 为 $N(t)$ 过零点次数；$U(t)$

和 $L(t)$ 为新计算的 $N(t)$ 的包络线。

（6）将 $G(t)$ 作为步骤（1）的输入。

某异常值信号 EMD 分解 IMF 图如图 3-29 所示。信号在被 EMD 分解过程中，异常值通常会在包络线的构造中被平滑掉，因为它们不会显著影响均值包络线的计算。重构之后就完成了对异常值的去除。对实际录波数据应用 EMD 分解，其中部分 IMFs 分量由图 3-30 给出。

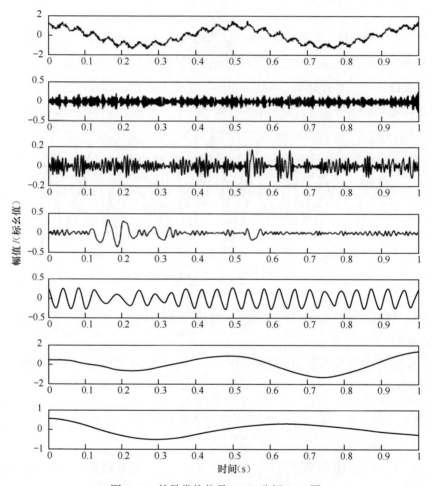

图 3-29　某异常值信号 EMD 分解 IMF 图

信号的辨识程序对异常值有一个容忍度，将超过异常值容忍度的信号经过滤波器滤波后再次比较是否超过异常值容忍度,若再容忍度范围之内就能正常辨识,若还是超过容忍度范围则舍弃该信号重新测试。

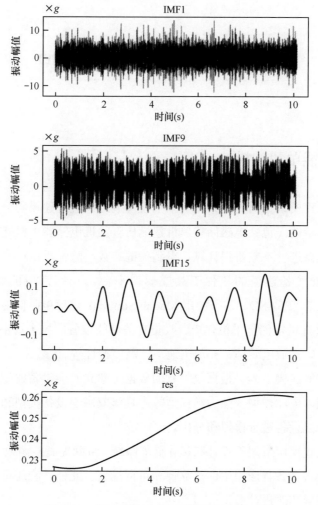

图 3-30　实际录播 EMD 分解后的部分 IMFs

4 储能单机建模及参数辨识

4.1 储能单机建模

储能单机建模是指对储能系统的单个设备或组件进行建模和分析，以了解其性能、行为和特性。包括电磁储能单机建模仿真和机电储能单机建模仿真，后续通过对单机模型进行参数辨识计算，得到关键参数，验证辨识精度。选择能够选择适用于储能设备建模的软件工具或模拟平台。一些常用的建模工具包括 Matlab/Simulink、PSASD。本节中用 Matlab/Simulink 进行电磁储能单机建模，用 PSASP 软件进行机电储能单机建模。收集有关储能设备的技术规格和性能数据，包括电池容量、充放电效率、充放电速率、温度特性等。

使用选定的建模工具，根据收集到的数据，建立储能设备的数学模型。这可以是电路模型、电池模型、热力学模型等，具体取决于设备类型和应用。利用建立的模型对储能设备进行模拟和分析。

储能单机建模可以用于设计和优化储能系统，帮助提高能源效率、降低成本，并确保储能设备在各种应用中的可靠性和可持续性。此外，它还可以用于研究储能技术的新发展和改进。

4.1.1 储能单机结构

在本节中，我们将详细介绍储能单机的结构，这是储能系统的核心组成部分。现在存在多种储能方式，如电池储能系统、超级电容器、压缩空气储能等。目前，应用于电网侧储能电站的电池本体通常采用电化学储能，相比其他类型的储能，电化学储能具有响应速度快、能量密度高、充放电效率高、选址限制因素少等显著优点。

储能电站主要由储能系统、功率转换系统、能源管理系统、控制系统等组成，其中储能技术、储能控制方式是最主要的研究内容。图 4-1 为储能电站的系统结构图。图 4-2 为储能逆变器主电路示意图。

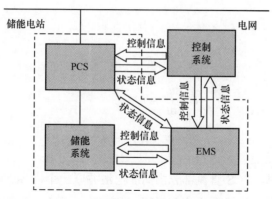

图 4-1 储能电站系统结构示意图

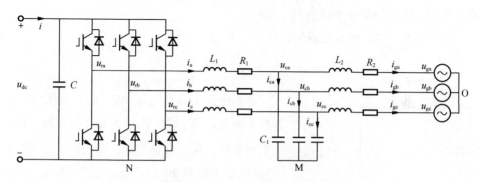

图 4-2 储能变流器主电路拓扑

u_{ra}、u_{rb}、u_{rc}—并网逆变器输出侧的三相电压；i_a、i_b、i_c—并网逆变器输出侧的三相电流；
u_{ca}、u_{cb}、u_{cc}—滤波电容的电压；i_{ca}、i_{cb}、i_{cc}—滤波电容的电流；
u_{ga}、u_{gb}、u_{gc}—并网三相电压；i_{ga}、i_{gb}、i_{gc}—并网三相电流

当三相处于对称平衡时，图中 M 点电势与 O 点电势相等，由 KCL 和 KVL
可以得到三相静止坐标系下的 LCL 滤波电路的三相方程组。

a 相方程为

$$\begin{cases} L_1 \dfrac{\mathrm{d}i_a}{\mathrm{d}t} + R_1 i_a = u_a - u_{ca} \\[2mm] C_1 \dfrac{\mathrm{d}u_{ca}}{\mathrm{d}t} = i_a - i_{ga} \\[2mm] L_2 \dfrac{\mathrm{d}i_{ga}}{\mathrm{d}t} + R_2 i_{ga} = u_{ca} - u_{ga} \end{cases} \tag{4-1}$$

b 相方程为

$$\overline{U}_g = \omega L \vec{I} + \overline{U}_i \tag{4-2}$$

c 相方程为

$$
\begin{cases}
L_1 \dfrac{di_c}{dt} + R_1 i_c = u_c - u_{cc} \\
C_1 \dfrac{du_{cc}}{dt} = i_c - i_{gc} \\
L_2 \dfrac{di_{gc}}{dt} + R_2 i_{gc} = u_{cc} - u_{gc}
\end{cases}
\tag{4-3}
$$

由图 4-3 可见，PCS 直流部分由储能电池并联一个电容支路组成；桥式电路部分由六个开关器件组成；交流侧采用三相对称、无中线的连接方式，且经 LC 滤波器和变压器后连至本地负载或电网。

由图 4-3 可知，PCS 交流侧各电量关系为

$$
\bar{U}_g = \omega L \bar{I} + \bar{U}_i
\tag{4-4}
$$

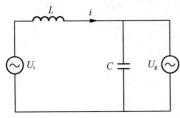

图 4-3　PCS 等效交流单相图
U_i—PCS 输出电压；U_g—电网电压；
i—电感电流

电感电流 i 滞后电压 90°，现以网侧电压作为参考电压，当 i 逆时针在 A-B-C 阶段时，PCS 从电网吸收能量、存储电能；在起点和终点处，i 与网侧电压相差 90°，只吸收无功；在 B 点处，i 与网侧电压同向，功率因数为+1，只吸收有功；当 i 逆时针在 C-D-A 阶段时，PCS 向负载或电网输送能量；在 D 点时，i 与网侧电压反向，功率因数为−1，只为电网输送有功功率。

4.1.2　储能单机模型建模

本节介绍储能单机模型的基本建模原理和建模方法。图 4-4 为储能电磁模型的直流侧建模，包括电容器、软起动开关和储能电池模型三部分。其中并联电容器的作用是帮助平滑储能系统的直流侧电压波动，提高系统的稳定性和降低直流侧电压的脉动。同时系统的动态响应速度可以得到改善。电容可以储存电能并在需要时释放，提高系统对负荷变化或其他扰动的快速响应能力。软起动开关可以通过逐步升高电压或调整电流相位的方式，减小并网时的电流冲击。这有助于保护储能系统和电网，避免对电网和设备造成不稳定性和损害。

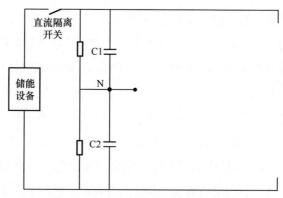

图 4-4　储能电磁模型的直流侧建模

简化电池模型通常采用电压源（E）和内部电阻（R）的简单电路模型来描述。这种模型基本原理为：电池的开路电压（open-circuit voltage，OCV）表示了电池在没有电流流动时的电压。它是电池的固有特性，与电池的化学构成和电荷状态相关。电池的内部电阻（internal resistance）代表了电池内部的电阻性损耗，它会导致电池在放电和充电过程中产生热损耗。内部电阻可以通过测量电池的开路电压和短路电流来估算。

简化的电池模型数学表达式为

$$U(t) = E(t) - I(t)R \tag{4-5}$$

式中：$U(t)$ 是电池的输出电压；$E(t)$ 是电池的开路电压，它可能随着电池的电荷状态而变化；$I(t)$ 是电池的电流；R 是电池的内部电阻。

复杂的电池模型考虑了电池内部的电化学过程，以更准确地描述电池的电学行为。这些模型可以基于电池类型（如锂离子电池、铅酸电池等）而有所不同，但它们通常包括以下方程。

（1）巴特勒－福尔默（Butler-Volmer）方程：用于描述电化学反应速率，涉及电池电极上的物质转移。这个方程可以用来解释电池中的电化学反应，包括充电和放电过程。Butler-Volmer 方程的一般形式为

$$i = i_0 \left[e^{\left(\frac{\alpha \cdot F \cdot \eta}{RT} \right)} - e^{\left(-\frac{(1-\alpha) \cdot F \cdot \eta}{RT} \right)} \right] \tag{4-6}$$

式中：i 为电极上的电流密度，A/m^2；i_0 为交换电流密度，也称为标准电流密度，表示在标准条件下（通常是 1mol 浓度、298K 温度和 1 大气压下）的反应速率；

α 为传递系数［塔菲尔（Tafel）系数］，表示反应的电子传递程度，通常为 0～1；F 为法拉第常数，约为 96485C/mol，表示每摩尔电子数；η 为过电位，表示电极上的电势相对于平衡电势的偏移；R 为气体常数，约为 8.314J/mol·K；T 为温度，K。

Butler-Volmer 方程用于描述在电池电极上发生的电化学反应速率，其形式可以根据具体的反应类型和电化学系统进行调整。方程中的 α 参数反映了反应的电子传递程度，而 η 表示电势的偏移，它可以用来描述电池充电和放电过程中电势变化。

这个方程在电池和其他电化学系统的建模和研究中非常有用，因为它帮助我们理解电化学反应速率如何受电势变化和传递系数的影响。通过使用 Butler-Volmer 方程，研究人员可以优化电池设计、预测电池性能以及改进电化学储能系统的控制策略。

（2）能斯特（Nernst）方程：用于描述电池开路电压随着电池电荷状态的变化，其形式为

$$E = E^{\circ} - \frac{RT}{nF} \ln Q \qquad (4\text{-}7)$$

式中：E 是电极电势；E° 是标准电极电势；R 是气体常数；T 是温度，K；n 是电极反应中电子的转移数；F 是法拉第常数；Q 是反应系数。

Nernst 方程是描述电化学系统中电极电势与溶液中离子浓度之间关系的方程。它通常用于描述电化学电池、电解槽等系统中的电极反应。在这些系统中，电极的电势取决于溶液中的离子浓度，因通过控制电极反应中的离子浓度，可以调节电池的充电和放电过程，从而实现能量的储存和释放。而 Nernst 方程提供了一种计算电势随着浓度变化而变化的方法。

（3）电解质传导模型：电解质传导模型通常用于描述电解质中离子的扩散、迁移和传导过程。这些模型可以在理论和计算上帮助解释和预测电解质中离子的行为，对于电池、超级电容器和其他电化学设备的设计和性能优化至关重要。以下是一些常见的电解质传导模型。

1）能斯特－普朗克（Nernst-Planck）方程：Nernst-Planck 方程是描述离子在电解质中扩散和迁移的经典方程之一。该方程基于扩散和迁移过程中的离子浓度梯度和离子迁移速率，通常写作

$$J_i = -D_i \nabla C_i - z_i F \mu_i C_i \nabla \phi \qquad (4\text{-}8)$$

式中：J_i 是离子 i 的扩散通量；D_i 是离子 i 的扩散系数；C_i 离子 i 的浓度；z_i 是离子 i 的电荷数；F 是法拉第常数；μ_i 是离子 i 的迁移率；ϕ 是电势。

2）泊松 – 能斯特 – 普朗克（Poisson-Nernst-Planck，PNP）方程：Poisson-Nernst-Planck 方程是 Nernst-Planck 方程与泊松方程结合的方程，用于描述电解质中离子扩散和电势分布之间的耦合关系。PNP 方程考虑了离子的电荷影响和电场对离子迁移的影响，通常写作

$$\nabla \cdot \boldsymbol{J}_i = -\nabla \cdot \left(D_i \nabla C_i - D_i C_i z_i F \nabla \phi \right) \tag{4-9}$$

3）斯特凡 – 麦克斯韦（Stefan-Maxwell）方程：Stefan-Maxwell 方程是一种用于描述多组分电解质中离子传导的扩散模型。该方程考虑了不同离子种类之间的相互作用，通常写作

$$\boldsymbol{J}_i = -\sum_j D_{ij} \nabla C_j \tag{4-10}$$

式中：J_i 是离子 i 的总传导通量；D_{ij} 是离子 i 和离子 j 之间的扩散系数。

储能电池模型是 Simulink 封装库中的模型，根据储能电池的型号填写储能电池的标称电压、额定容量、初始充电状态、电池响应时间等详细参数，使得储能电池模型的电气特性接近实际储能电池的电气特性。

储能变流器是用于连接储能系统（比如电池、超级电容器等）与电力系统的关键组件。其主要作用是实现储能系统与电力系统之间的能量转换、电能存储与释放，并提供对电力系统的有源或无源支持。图 4-5 为储能变流器模型，变流器控制通过检测电路中电压和电流值并通过 PID 控制输出 PWM 脉波控制变流器桥臂中的每一个开关的开断实现对储能系统的并网控制。

LC 滤波器（见图 4-6）是一种电力电子系统中常用的滤波器，它主要用于改善电力电子设备（比如变频器、逆变器等）输出的电流或电压波形质量，减小谐波含量并提高系统的稳定性。电力电子设备产生的脉冲电流或电压中可能包含高次谐波，这些谐波可能对电力系统和其他设备造成干扰。LC 滤波器通过其电感和电容组合的结构，能够有效滤除输出中的谐波成分，使得输出波形更接近正弦波。在一些应用中，电力电子设备的输出电流可能包含较大的峰值，这可能导致设备和系统的损害。LC 滤波器可以降低输出电流的峰值，使电流波形更加平滑，减小冲击和损耗。在连接到电力网格的设备中，LC 滤波器有助于减小设备对电网的谐波注入，以遵守电力系统的谐波标准和规定。

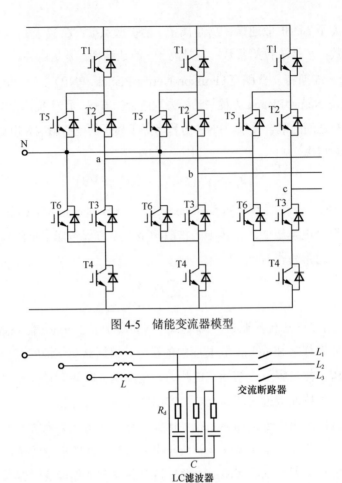

图 4-5　储能变流器模型

图 4-6　LC 滤波电路

4.2　参数辨识基本原理

参数辨识的目标是找出模型中的未知参数的数值，以使模型能够更好地拟合实验数据。这些参数可能包括系统的物理特性、控制器的参数、传感器的特性等。参数辨识时，通常假设已知系统结构，并关注如何最好地估计这些参数，以使模型与实际系统的行为相符合。参数辨识是系统辨识的一个组成部分，专注于确定模型中的参数值。系统辨识通常用于对系统的整体性质进行建模和分析，而参数辨识更注重于模型参数的估计。在实际应用中，这两个概念通常是互相关联的，因为成功的参数辨识通常需要一个合适的系统结构作为基础。系统参数辨识源于工业工程控制，随着计算机技术的发展，出现了许多辨识软件可以用于辅助辨识理论的研究。它不仅在工业领域中有着广泛的应用，在经济、社会和环境领域也有重要的应用价值，比如用于控制系统的设计和分析、用于在线控制、用于预报预测、用于监视系统参数并实现故障诊断。

系统辨识是研究建立系统数学模型的一种理论和方法。所谓辨识就是从含有噪声的输入输出数据中提取被研究对象的数学模型。一般来说，这个模型的输入输出特性是一种在特定准则意义下的近似，其精确程度取决于以下几个因素：人们对系统先验知识的深入了解、对数据集特性的认知程度以及所选用的辨识方法。或者说，辨识技术帮助人们在表征被研究系统对象、现象或过程的复杂因果关系时，尽可能准确地确立它们之间的定量依存关系。基于辨识原理和基础上，需要设计如何将辨识流程转换成计算机实现。这就需要仔细分析辨识流程的总体结构以及其中的各个步骤的先后顺序，互相衔接等。

简单地说，辨识就是从一组观测到的含有噪声的输入、输出数据中提取数学模型的方法。然而，辨识具体应用到一个实际对象时，就需要做很多辅助工作。明确模型应用的最终目的是至关重要的，这将决定模型的类型、精度要求及采用的辨识方法等。另外，系统辨识还应当解决一些问题，例如，如何选定和预测系统的数学模型，用什么输入信号及怎样产生这种信号，如何在系统的输出受噪声的污染的情况下进行数据处理和参数估计及如何验证建立的模型是否符合实际等。

4.2.1 辨识流程概述

虽然系统辨识在数据、模型种类和准则的选择上有相当大的自由度，但在进行辨识时，一般遵循如图4-7所示的步骤。

（1）明确辨识的目的。它决定模型的类型、精度要求和所采用的辨识方法。

（2）掌握先验知识。如系统的非线性程度、时变或非时变、比例或积分特性、时间常数、过渡过程时间、截止频率、时滞特性、静态放大倍数、噪声特性等，这些先验知识对预选系统数学模型种类和辨识试验设计将起到指导性的作用。

（3）利用先验知识。选定和预测被辨识系统的数学模型种类，确定验前假定模型。

（4）试验设计。选择试验信号、采样间隔、数据长度等，记录输入和输出数据。

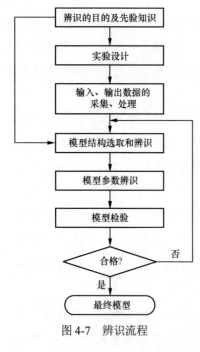

图 4-7　辨识流程

（5）数据预处理。输入和输出数据中常含有的低频成分和高频成分对辨识精度都有不利的影响，需要采用滤波器等方法进行去除。

（6）模型结构选取和辨识。在假定模型结构的前提下，利用辨识方法确定模型结构参数，如差分方程中的阶次、纯延迟等。

（7）模型参数辨识。在假定模型结构确定之后，选择估计方法，利用测量数据估计模型中的未知参数。

（8）模型检验。从不同的侧面检验模型是否可靠，检验模型的标准是模型的实际应用效果，最后验证所确定的模型是否恰当地表示了被辨识的系统。工程中常用的模型验证方法有以下 4 种。

1）用不同时间段内采集的数据分别建模，如果模型基本符合，则认为模型是可靠的。

2）用采集到的部分数据进行建模，用其余的试验数据进行预测。然后与相同条件下实际测量到的数据进行比较，如果相差较小，可认为模型正确。

3）利用不同试验方法得到的结果相互验证。例如，气动力参数可以从飞行数据中辨识出来，也可以通过数值模拟和风洞试验获得，如果几种手段较为一致，也可验证模型的正确性。

4）利用模型和实测数据的残差进行验证。正确的模型对应的残差序列应该是零均值的白噪声，否则表明模型与系统有偏差。如果所确定的系统模型合适，则辨识结束。否则，则必须改变系统的实验前模型结构，并重新执行辨识过程，即执行第（4）～（8）步，直到获得一个满意的模型为止。

4.2.2　储能单机辨识参数

储能单机的稳态功率控制模型包括有功功率控制和无功功率控制。有功功率控制模型如图 4-8 所示，其控制模式包括开环控制（$P_{Flag}=1$）和 PI（proportional-integral）控制（$P_{Flag}=2$）两种模式。

无功控制环节包括无功功率参考值选择、无功电流控制模式选择、无功/电压协调控制方式选择 3 部分，其模型结构和主要控制参数如图 4-9 所示。

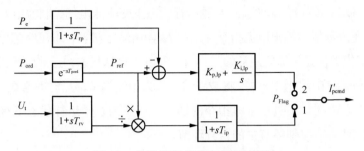

图 4-8　储能单机有功功率控制框图

T_{rp}—功率测量环节时间常数，s；T_{pord}—pord 常数；T_{rv}—电压测量环节时间常数，s；
$K_{p, lp}$—有功 PI 控制比例系数；$K_{i, lp}$—有功 PI 控制积分时间常数；T_{ip}—有功电流
调节器滞后时间常数；P_{Flag}—有功电流控制模式标志位

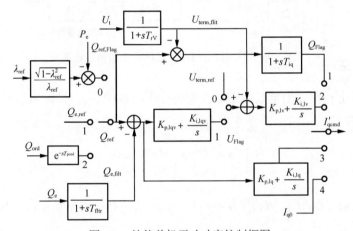

图 4-9　储能单机无功功率控制框图

Q_{Flag}—无功电流控制模式标志位；T_{pord}—pord 时延；T_{iq}—无功电流调节器滞后时间常数；
$K_{p, lqv}$—无功 PI 控制比例系数；$K_{i, lqv}$—无功 PI 控制积分系数；$K_{p, lv}$—调控 PI 控制比例
系数；$K_{i, lqv}$—调控 PI 控制积分系数；$K_{p, lq}$—调控 PI 控制比例系数；
$K_{i, lq}$—调控 PI 控制积分系数；T_{fltr}—测量滤波环节时间常数，s

　　无功功率控制模式包括开环控制（Q_{Flag}=1）、无功/电压协调控制（Q_{Flag}=2）、无功 PI 控制（Q_{Flag}=3）和定无功电流控制（Q_{Flag}=4）。控制环节参考值的选择包括恒功率因数、定无功功率和场站无功指令三种方式。

　　当储能单机并网点电压跌落至低电压穿越阈值 U_{Lin} 以下，或抬升至高电压穿越阈值 U_{Hin} 时，逆变器改变控制方式，其电流指令来源由稳态运行控制环节转换为电压穿越运行控制环节，模型如图 4-10 所示，输出电流经电流限制模型和等效变流器模型后注入电网。

图 4-10 中，I_{pmin}、I_{pmax}、I_{qmin}、I_{qmax}、I_{max} 为电流限制参数，正常运行状态下变流器电气控制输出为 I'_{pcmd}、I'_{qcmd}，穿越运行状态下变流器电气控制输出为 I_{pcmd_hlvrt}、I_{qcmd_hlvrt}，变流器最终输出电流指令 I_{pcmd}、I_{qcmd} 由运行状态、电压穿越控制策略以及电流限制模型决定。需要注意的是，当进入电压穿越状态，正常运行状态下的变流器电气控制环节中的积分环节将被冻结，T_g 为电流调节滞后时间常数。

（1）稳态控制。不进行电流指令的切换，依然为正常运行状态下有功、无功电流。但此时冻结控制环节中的积分环节。

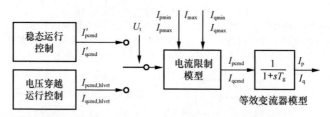

图 4-10　稳态运行与电压穿越状态切换示意图

（2）指定功率。指定低电压穿越期间有功功率 P_{LVRT}，其除以机端电压 U_t 得到有功电流指令 I_{PLVRT}，计算公式为

$$\begin{cases} P_{LVRT} = K_{P,LVRT}P_0 + P_{set,LV} \\ I_{pLVRT} = P_{LVRT} / U_t \end{cases} \tag{4-11}$$

式中：$K_{P,LVRT}$ 为低穿有功功率系数；$P_{set,LV}$ 为低穿有功功率设定值；P_0 为初始有功功率。

（3）指定电流。指定低电压穿越期间有功电流指令 I_{pLVRT}，计算公式为

$$I_{pLVRT} = K_{1,Ip,LV}U_t + K_{2,Ip,LV}I_{p0} + I_{pset,LV} \tag{4-12}$$

式中：$K_{1,Ip,LV}$ 和 $K_{2,Ip,LV}$ 均为低穿有功电流计算系数；$I_{pset,LV}$ 为低穿有功电流设定值；I_{p0} 为初始有功电流。

（4）按穿越前电流。低电压穿越期间维持进入穿越前电流，此控制方式可看作为指定电流控制中 $K_{1,Ip,LV}$ 取 0，$K_{2,Ip,LV}$ 取 1，$I_{pset,LV}$ 取 0 时的特殊情况。

低电压穿越无功控制包括稳态控制、指定功率、指定电流三种控制模式。

1）稳态控制。电流指令为正常运行状态时冻结积分环节后的无功电流指令。

2）指定功率。指定低电压穿越期间无功功率 Q_{LVRT}，除以机端电压 U_1 得到无功电流指令 I_{qLVRT} 计算公式为

$$\begin{cases} Q_{\mathrm{LVRT}} = K_{\mathrm{Q,LVRT}} Q_0 + Q_{\mathrm{set,LV}} \\ I_{\mathrm{qLVRT}} = Q_{\mathrm{LVRT}} / U_{\mathrm{t}} \end{cases} \tag{4-13}$$

式中：K_{QLVRT} 为低穿无功功率系数；$Q_{\mathrm{set,LV}}$ 为低穿无功功率设定值；Q_0 为初始无功功率。

3）指定电流。引入低电压穿越阈值 U_{Lin}，此时电流指令为

$$I_{\mathrm{qLVRT}} = K_{\mathrm{1,Iq,LV}} \left(U_{\mathrm{Lin}} - U_{\mathrm{t}} \right) + K_{\mathrm{2,Iq,LV}} I_{q0} + I_{\mathrm{qset,LV}} \tag{4-14}$$

式中：$K_{\mathrm{1,Ip,LV}}$ 和 $K_{\mathrm{2,Ip,LV}}$ 均为低穿无功电流计算系数；$I_{\mathrm{pset,LV}}$ 为低穿无功电流设定值；I_{q0} 为初始无功电流。

高电压穿越的有功、无功控制方式与低电压穿越相同，其中，在高电压穿越无功控制方式中的指定电流控制部分，无功电流指令为

$$I_{\mathrm{qHVRT}} = K_{\mathrm{1,Iq,HV}} \left(U_{\mathrm{Hin}} - U_{\mathrm{t}} \right) + K_{\mathrm{2,Iq,HV}} I_{q0} + I_{\mathrm{qset,HV}} \tag{4-15}$$

式中：$K_{\mathrm{1,Iq,HV}}$ 和 $K_{\mathrm{2,Iq,HV}}$ 均为高穿无功电流计算系数；U_{Hin} 为高电压穿越阈值；$I_{\mathrm{qset,HV}}$ 为高穿无功电流设定值；I_{q0} 为初始无功电流。

4.3　传统参数辨识方法

传统的参数辨识方法是一组常见的技术和方法，用于从实验数据中推断系统模型参数。这些方法以统计学和数学建模为基础，旨在确定模型中未知的参数值，以使模型与实际系统的行为相匹配。系统辨识方法分为经典系统辨识方法和现代系统辨识方法两大类。经典系统辨识方法已经相对成熟和完善，包括阶跃响应法、脉冲响应法、频率响应法、相关分析法、谱分析法、最小二乘法和极大似然法等。其中，最小二乘法是一种经典而广泛应用的方法，但其估计存在偏差。

为了克服最小二乘估计的缺陷，基于最小二乘法发展出了一些改进的系统辨识方法，包括广义最小二乘法、辅助变量法、增广最小二乘法以及将最小二乘法与其他方法结合的方法，如最小二乘两步法和随机逼近算法等。

随着科学发展，从线性系统研究向非线性系统研究的过渡成为必然趋势。随着智能算法理论等的不断成熟，现代系统辨识方法逐渐多样化，并在实际问题中取得了显著的应用效果。

未来，系统辨识的发展趋势将包括对经典系统辨识方法理论的进一步完善。随着新学科的涌现，可能会形成与之相关的系统辨识方法，使系统辨识成为一个

综合性多学科理论的科学研究领域。

4.3.1　最小二乘法

4.3.1.1　基本原理

为说明最小二乘法的一般原理，先举一个实例：通过实验确定一个热敏电阻的电阻 R 和温度 t 的关系，为此在不同的温度 t 下，对电阻 R 进行多次测量获得了一组测量数据（t_i，R_i）。由于每次测量中，不可避免地含有随机测量误差，因此想寻找一个函数 $R=f(t)$ 来真实地表达电阻 R 和温度 t 之间的关系。

按照先验知识可得热敏电阻与温度之间的数学模型的结构近似为

$$R = a + bt \tag{4-16}$$

式中：a 和 b 为待估参数。

如果测量没有误差，只需要两个不同温度下的电阻值，便可以解出 a 和 b。但是由于每次测量中总存在随机误差，即

$$y_i = R_i + v_i \text{或} y_i = a + bt_i + v_i \tag{4-17}$$

式中：y_i 为测量数据；R_i 为真值；v_i 为随机误差。

显然，将每次测量误差相加，可构成总误差

$$\sum_{i=1}^{N} v_i = v_1 + v_2 + \cdots + v_n \tag{4-18}$$

当采用每次测量误差的平方和最小时，即

$$J_{\min} = \sum_{i=1}^{N} v_i^2 = \sum_{i=1}^{N} \left[R_i - (a + bi) \right] \tag{4-19}$$

由于上式中的平方运算又称为"二乘"，而且又是按照 J 最小来估计 a 和 b 的，称这种估计方法为最小二乘估计算法，简称最小二乘法。

4.3.1.2　利用最小二乘法求取模型参数

在式（4-19）中，若使得 J 最小，利用求极值的方法得

$$\begin{cases} \left. \dfrac{\partial J}{\partial a} \right|_{a=\hat{a}} = -2\sum_{i=1}^{N} \left[R_i - (a + bt_i) \right] = 0 \\ \left. \dfrac{\partial J}{\partial a} \right|_{b=\hat{b}} = -2\sum_{i=1}^{N} \left[R_i - (a + bt_i) \right] t_i = 0 \end{cases} \tag{4-20}$$

对式（4-20）进一步整理，$\hat{a}$ 和 $\hat{b}$ 的估计值可由下列方程确定，即

$$\begin{cases} N\hat{a} + \hat{b}\sum_{i=1}^{N} t_i = \sum_{i=1}^{N} R_i \\ \hat{a}\sum_{i=1}^{N} t_i + \hat{b}\sum_{i=1}^{N} t_i^2 = \sum_{i=1}^{N} R_i t_i \end{cases} \quad （4-21）$$

解方程组（4-21），可得

$$\begin{cases} \hat{a} = \dfrac{\sum\limits_{i=1}^{N} R_i \sum\limits_{i=1}^{N} t_i^2 - \sum\limits_{i=1}^{N} R_i t_i \sum\limits_{i=1}^{N} t_i}{N\sum\limits_{i=1}^{n} t_i^2 - \left(\sum\limits_{i=1}^{n} t_i\right)^2} \\[4mm] \hat{b} = \dfrac{N\sum\limits_{i=1}^{N} R_i t_i - \sum\limits_{i=1}^{N} R_i \sum\limits_{i=1}^{N} t_i}{N\sum\limits_{i=1}^{N} t_i^2 - \left(\sum\limits_{i=1}^{N} t_i\right)^2} \end{cases} \quad （4-22）$$

4.3.1.3　一般最小二乘算法的分析与设计

考虑随机模型的参数估计问题，首先考虑单输入单输出系统（single input single output, SISO）。如图 4-11 所示，将待辨识的系统看成"灰箱"，它只考虑系统的输入、输出特性，而不强调系统的内部结构。图 4-11 中，输入 $u(k)$ 和输出 $z(k)$ 是可以测量的；$G(k)$ 是系统模型，用来描述系统的输入、输出特性；$v(k)$ 是测量噪声。

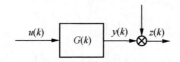

图 4-11　SISO 系统的"灰箱"结构

对于 SISO 随机系统，被辨识模型 $G(z)$ 为

$$G(z) = \frac{y(z)}{u(z)} = \frac{b_1 z^{-1} + b_2 z^{-2} + \cdots + b_n z^{-n}}{1 + a_1 z^{-1} + a_2 z^{-2} + \cdots + a_n z^{-n}} \quad （4-23）$$

其相应的差分方程为

$$y(k) = -\sum_{i=1}^{n} a_i y(k-i) + \sum_{i=1}^{n} b_i u(k-i) \quad （4-24）$$

若考虑被辨识系统或观测信息中含有噪声，被辨识模型式（4-24）可改写为

$$z(k) = -\sum_{i=1}^{n} a_i y(k-i) + \sum_{i=1}^{n} b_i u(k-i) + v(k) \tag{4-25}$$

式中，$z(k)$为系统输出量的第 k 次观测值；$y(k)$为系统输出量的第 k 次真值，$y(k-1)$为系统输出量的第 $k-1$ 次真值，……，$y(k-i)$为系统输出量的第 $k-i$ 次真值，以此类推；$u(k)$为系统的第 k 个输入值，$u(k-1)$为系统的第 $k-1$ 个输入值；$v(k)$是均值为 0 的随机噪声。

如果定义

$$h(k) = \begin{bmatrix} -y(k-1) & -y(k-2) & \cdots & -y(k-n) & u(k-1)u(k-2) & \cdots & u(k-n) \end{bmatrix}$$

$$\theta = \begin{bmatrix} a_1 & a_2 & \cdots & a_n & b_1 & b_2 & \cdots & b_n \end{bmatrix}^T$$

则式（4-25）可改写为

$$z(k) = h(k)\theta + v(k) \tag{4-26}$$

式中：θ 为待估参数。

令 $k=1,2,\cdots,m$，则有

$$\boldsymbol{Z}_m = \begin{bmatrix} z(1) \\ z(2) \\ \vdots \\ z(m) \end{bmatrix}, \boldsymbol{H}_m = \begin{bmatrix} h(1) \\ h(2) \\ \vdots \\ h(m) \end{bmatrix} = \begin{bmatrix} -y(0) & \cdots & -y(1-n) & u(0) & \cdots & u(1-n) \\ -y(1) & \cdots & -y(2-n) & u(1) & \cdots & u(2-n) \\ \vdots & \vdots & \vdots & \vdots & \vdots & \vdots \\ -y(m-1) & \cdots & -y(m-n) & u(m-1) & \cdots & u(m-n) \end{bmatrix}$$

$$\theta = \begin{bmatrix} a_1 & a_2 & \cdots & a_n & b_1 & b_2 & \cdots & b_n \end{bmatrix}^T$$

$$\theta = \begin{bmatrix} a_1 & a_2 & \cdots & a_n & b_1 & b_2 & \cdots & b_n \end{bmatrix}^T, \quad V_m = \begin{bmatrix} v(1) & v(2) \cdots v(m) \end{bmatrix}^T$$

于是，式（4-26）的矩阵形式为

$$\boldsymbol{Z}_m = h(k)\theta + v(k) \tag{4-27}$$

最小二乘法的思想就是寻找一个 θ 的估计值 $\tilde{\theta}$，使得各次测量的 Z_i（$i=1$，$\cdots,m$）与由估计 $\tilde{\theta}$ 确定的测量估计 $\hat{Z}_i = H_i \tilde{\theta}$ 之差的平方和最小，该平方和可表示为

$$J(\hat{\theta}) = \left(\boldsymbol{Z}_m - \boldsymbol{H}_m \hat{\theta} \right)^T \left(\boldsymbol{Z}_m - \boldsymbol{H}_m \hat{\theta} \right) \tag{4-28}$$

要使式（4-28）达到最小，根据极值定理，则有

$$\frac{\partial J}{\partial \theta}\bigg|_{\theta=\hat{\theta}} = -2H_m^{\mathrm{T}}\left(Z_m - H_m\hat{\theta}\right) = 0 \qquad (4\text{-}29)$$

对式（4-29）进一步整理，得

$$H_m^{\mathrm{T}}H_m\hat{\theta} = H_m^{\mathrm{T}}Z_m \qquad (4\text{-}30)$$

如果 H_m 的行数大于等于列数，即 $m \geqslant 2n, H_m^{\mathrm{T}}H_m$，满秩，即 $\mathrm{rank}\left(H_m^{\mathrm{T}}H_m\right) = 2n$，则 $\left(H_m^{\mathrm{T}}H_m\right)^{-1}$ 存在。则 θ 的最小二乘估计为

$$\hat{\theta} = \left(H_m^{\mathrm{T}}H_m\right)^{-1} H_m^{\mathrm{T}}Z_m \qquad (4\text{-}31)$$

式（4-31）说明，最小二乘估计虽然不能满足式（4-27）中的每个方程，使每个方程都有偏差，但它使所有方程偏差的平方和达到最小，兼顾了所有方程的近似程度，使整体误差达到最小，这对抑制测量误差 $v(i)(i=1,\cdots,m)$ 是有益的。

对于式（4-27），Z_m 可以看成 m 维空间中基向量 $\{h(1),h(2),\cdots,h(m)\}$ 的线性组合，$H_m\hat{\theta}$ 是在最小二乘意义下对 Z_m 的近似，$H_m\hat{\theta}$ 应该等于 Z_m 在 $\{h(1),h(2),\cdots,h(m)\}$ 所张成空间内的投影，以二维空间为例，最小二乘的几何解释原理图如图 4-12 所示。平面 π 由其空间基底向量 $h(1)$ 和 $h(2)$ 张成，Z_2 的估计值 $H_2\hat{\theta}$ 一定位于平面 π 内，为使 $\hat{V} = Z_2 - H_2\hat{\theta}$ 达到最小，$H_2\hat{\theta}$ 必须等于 Z_2 在平面 π 上的投影。

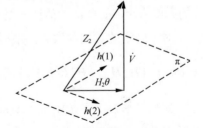

图 4-12　最小二乘的几何解释原理图

当系统的测量噪声 V_m 是均值为 0、方差为 R 的随机向量时，则最小二乘估计有如下性质。

（1）最小二乘估计是无偏估计（无偏性）。由于 $\tilde{\theta}$ 是随机变量，故用不同的样本可以得到不同的估计值。如果参数估计的数学期望等于参数的真值，则称估计是无偏的，即

$$E\left(\tilde{\theta}\right) = \theta \ 或 \ E\left(\tilde{\theta}\right) = 0 \qquad (4\text{-}32)$$

式中 $\tilde{\theta} = \theta - \hat{\theta}$ 为 $\hat{\theta}$ 的估计误差。否则称为有偏估计量。

根据 $\hat{\theta}$ 的估计误差

$$\tilde{\theta} = \theta - \hat{\theta} = \theta - \left(\boldsymbol{H}_m^{\mathrm{T}}\boldsymbol{H}_m\right)^{-1}\boldsymbol{H}_m^{\mathrm{T}}\boldsymbol{Z}_m \tag{4-33}$$

由于 $E(V_m) = 0$，所以

$$
\begin{aligned}
E(\tilde{\theta}) &= E\left[\left(\boldsymbol{H}_m^{\mathrm{T}}\boldsymbol{H}_m\right)^{-1}\left(\boldsymbol{H}_m^{\mathrm{T}}\boldsymbol{H}_m\right)\theta - \left(\boldsymbol{H}_m^{\mathrm{T}}\boldsymbol{H}_m\right)^{-1}\boldsymbol{H}_m^{\mathrm{T}}\boldsymbol{Z}_m\right] \\
&= \left(\boldsymbol{H}_m^{\mathrm{T}}\boldsymbol{H}_m\right)^{-1}\boldsymbol{H}_m^{\mathrm{T}}E\left(\boldsymbol{H}_m\theta - \boldsymbol{Z}_m\right) \\
&= -\left(\boldsymbol{H}_m^{\mathrm{T}}\boldsymbol{H}_m\right)^{-1}\boldsymbol{H}_m^{\mathrm{T}}E(V_m) = 0
\end{aligned}
\tag{4-34}
$$

估计量无偏性意味着不论观测次数多少，估计值在被估计参数真值附近摆动，而其数学期望值等于参数的真值。

（2）最小二乘估计是有效估计（有效性）。有效性是检验参数估计量 $\hat{\theta}$ 对被估计量 θ 的方差是否为最小，如果是最小就称该估计量 $\hat{\theta}$ 为 θ 的有效估计。因此，有效估计就是具有最小方差的估计。也可以说，有效估计量是估计值对真实值的平均偏离大小，即估计值围绕真实值摆动幅度的大小。

在估计值的均值等于其真值的条件下，方差越小，估计越准确。设 $\hat{\theta}_1$ 和 $\hat{\theta}_2$ 都是 θ 的无偏估计，如果 $\hat{\theta}_1$ 的估计方差 σ_1^2 比 $\hat{\theta}_2$ 的估计方差 σ_2^2 小，则称 $\hat{\theta}_1$ 比 $\hat{\theta}_2$ 更有效。

对于固定的观测次数 m，根据式（4-34），估计的均方误差为

$$E\left(\tilde{\theta}\tilde{\theta}^{\mathrm{T}}\right) = \left(\boldsymbol{H}_m^{\mathrm{T}}\boldsymbol{H}_m\right)^{-1}\boldsymbol{H}_m^{\mathrm{T}}E\left(V_m V_m^{\mathrm{T}}\right)\boldsymbol{H}_m\left(\boldsymbol{H}_m^{\mathrm{T}}\boldsymbol{H}_m\right)^{-1} = \left(\boldsymbol{H}_m^{\mathrm{T}}\boldsymbol{H}_m\right)^{-1}\boldsymbol{H}_m^{\mathrm{T}}R\boldsymbol{H}_m\left(\boldsymbol{H}_m^{\mathrm{T}}\boldsymbol{H}_m\right)^{-1} \tag{4-35}$$

如果 $V_m = \{v(1) \quad v(2) \quad \cdots \quad v(m)\}$ 中的观测噪声 $v(i)(i=1,2,\cdots,m)$ 是同分布、零均值、独立随机变量，且其方差为 σ_1^2（实际情况基本符合此规律），则有

$$R = E(V_m V_m^{\mathrm{T}}) = \sigma_i^2 I \tag{4-36}$$

将式（4-336）代入式（4-35）得

$$E\left(\tilde{\theta}\tilde{\theta}^{\mathrm{T}}\right) = \left(\boldsymbol{H}_m^{\mathrm{T}}\boldsymbol{H}_m\right)^{-1}\boldsymbol{H}_m^{\mathrm{T}}R\boldsymbol{H}_m\left(\boldsymbol{H}_m^{\mathrm{T}}\boldsymbol{H}_m\right)^{-1} = \sigma^2\left(\boldsymbol{H}_m^{\mathrm{T}}\boldsymbol{H}_m\right)^{-1} \tag{4-37}$$

式（4-37）为估计均方误差中的最小量，因此对于固定的观测次数 m，最小方差估计量的估计为有效估计。

（3）最小二乘估计是一致估计（一致性）对于参数估计，总希望观测次数越多时，获得的估计值 $\hat{\theta}_m$ 应该越准确。如果随着观测次数 m 的增加 $\hat{\theta}_m$ 依概率收敛

于真值 θ，则称 $\hat{\theta}_m$ 为 θ 的一致估计。即对于任意大于零的 ε，如果满足

$$\lim_{m \to \infty} p\left(\left|\hat{\theta}_m - \theta\right| > \varepsilon\right) = 0 \tag{4-38}$$

则称 $\hat{\theta}_m$ 为 θ 的一致估计。

随着观测次数 m 的增加时，观测数据的个数大于待辨识参数的个数时，最小二乘估计 $\hat{\theta}_m$ 依概率收敛于真值 θ，等价于随着 $m \to \infty$ 时，$E\left(\tilde{\theta}\,\tilde{\theta}^{\mathrm{T}}\right) \to 0$，即

$$\lim_{m \to \infty} \sigma^2 \left(H_m^{\mathrm{T}} H_m\right)^{-1} = \lim_{m \to \infty} \frac{\sigma^2}{m}\left(\frac{1}{m} H_m^{\mathrm{T}} H_m\right)^{-1} = 0 \tag{4-39}$$

在白色噪声干扰下，最小二乘估计是无偏的、有效的和一致的。在很多情况下，噪声干扰近似为白噪声特性［白噪声信号是一种功率谱密度 $S(\omega)$ 在整个频域内为非零常数的平稳随机信号或随机过程］，因此最小二乘估计是比较好的参数估计方法。在实际工程中，如果噪声不是白噪声，我们可以通过对噪声进行建模，并将噪声的模型参数一起进行辨识，即增广最小二乘辨识方法，使噪声的残余量满足白噪声的特性，使最小二乘参数辨识依然满足是无偏的、有效的和一致的。

4.3.1.4 加权最小二乘法的分析与设计

一般最小二乘法估计精度不高的原因之一是未能有效考虑到测量数据的质量差异。在实际应用中，由于各次测量数据很难在相同的条件下获取（例如时刻、环境、测量系统精度等），因此不同测量值的质量可能存在差异。有些测量值具有较高的置信度，而有些则具有较低的置信度。

若能了解不同测量值的置信度，可以采用加权的方法来区分对待各个测量值。具体而言，对置信度较高的测量值赋予较大的权重，而对置信度较低的测量值赋予较小的权重。这就是加权最小二乘法的概念。通过加权最小二乘法，我们可以更有效地利用测量数据，并提高参数估计的准确性和稳定性。

根据一般最小二乘估 $\hat{\theta}$ 的准则式，即式（4-28），可得加权最小二乘的准则为

$$J(\hat{\theta}) = \left(Z_m - H_m \hat{\theta}\right)^{\mathrm{T}} W_m \left(Z_m - H_m \hat{\theta}\right) = \min \tag{4-40}$$

式中，W_m 为加权矩阵，它是一个对称正定矩阵，通常取为对角阵，即

$$W_m = \mathrm{diag}\left[\omega(1), \omega(2), \cdots, \omega(m)\right] \tag{4-41}$$

根据极值原理，要使式（4-41）成立，$\hat{\theta}$ 应满足

$$\left. \frac{\partial J}{\partial \boldsymbol{\theta}} \right|_{\theta=\hat{\theta}} = -2\boldsymbol{H}_m^{\mathrm{T}} W_m \left(\boldsymbol{Z}_m - \boldsymbol{H}_m \hat{\boldsymbol{\theta}} \right) = 0 \tag{4-42}$$

对式（4-42）进一步整理，可得 θ 的加权最小二乘估计为

$$\hat{\theta} = \left(H_m^{\mathrm{T}} W_m H_m \right)^{-1} H_m^{\mathrm{T}} W_m Z_m \tag{4-43}$$

当系统的测量噪声 V_m 是均值为 0、方差为 R 的随机向量时，加权最小二乘估计依然是无偏的、有效的和一致的，而且加权最小二乘估计的估计误差为

$$E\left(\hat{\theta}\hat{\theta}^{\mathrm{T}} \right) = \left(H_m^{\mathrm{T}} W_m H_m \right)^{-1} H_m^{\mathrm{T}} W_m R W_m H_m \left(H_m^{\mathrm{T}} W_m H_m \right)^{-1} \tag{4-44}$$

如果 $W_m = R^{-1}$，则式（4-43）变为

$$\hat{\theta} = \left(H_m^{\mathrm{T}} R^{-1} H_m \right)^{-1} H_m^{\mathrm{T}} R^{-1} Z_m \tag{4-45}$$

又称为马尔可夫估计。

马尔可夫估计的均方误差为

$$E\left(\hat{\theta}\hat{\theta}^{\mathrm{T}} \right) = \left(H_m^{\mathrm{T}} R^{-1} H_m \right)^{-1} \tag{4-46}$$

马尔可夫估计的均方误差比任何其他加权最小二乘估计的均方误差都小，所以是加权最小二乘估计中的最优者。

设 A 和 B 分别为 $n \times m$ 和 $m \times p$ 维矩阵，且 AA^{T} 满秩，则有

$$\left[\boldsymbol{B} - \boldsymbol{A}^{\mathrm{T}} \left(\boldsymbol{AA}^{\mathrm{T}} \right)^{-1} \boldsymbol{AB} \right]^{\mathrm{T}} \left[\boldsymbol{B} - \boldsymbol{A}^{\mathrm{T}} \left(\boldsymbol{AA}^{\mathrm{T}} \right)^{-1} \boldsymbol{AB} \right]$$
$$= \boldsymbol{BB}^{\mathrm{T}} - 2\boldsymbol{B}^{\mathrm{T}} \boldsymbol{A}^{\mathrm{T}} \left(\boldsymbol{AA}^{\mathrm{T}} \right)^{-1} \boldsymbol{AB} + \boldsymbol{B}^{\mathrm{T}} \boldsymbol{A}^{\mathrm{T}} \left(\boldsymbol{AA}^{\mathrm{T}} \right)^{-1} \boldsymbol{AA}^{\mathrm{T}} \left(\boldsymbol{AA}^{\mathrm{T}} \right)^{-1} \boldsymbol{AB} \tag{4-47}$$
$$= \boldsymbol{BB}^{\mathrm{T}} - \boldsymbol{B}^{\mathrm{T}} \boldsymbol{A}^{\mathrm{T}} \left(\boldsymbol{AA}^{\mathrm{T}} \right)^{-1} \boldsymbol{AB} \geqslant 0$$

所以有

$$\boldsymbol{BB}^{\mathrm{T}} \geqslant \boldsymbol{B}^{\mathrm{T}} \boldsymbol{A}^{\mathrm{T}} \left(\boldsymbol{AA}^{\mathrm{T}} \right)^{-1} \boldsymbol{AB} \tag{4-48}$$

式（4-48）为矩阵形式的施瓦尔茨不等式。

由矩阵理论知，正定矩阵 R 可表示成 $R = C^{\mathrm{T}} C$，其中 C 为满秩矩阵。因此令

$$\boldsymbol{A} = H_m^{\mathrm{T}} C^{-1} \tag{4-49}$$

$$\boldsymbol{B} = CW_m H_m \left(H_m^{\mathrm{T}} W_m H_m \right)^{-1} \tag{4-50}$$

将式（4-49）和式（4-50）代入式（4-48），整理得

$$\left(\boldsymbol{H}_m^{\mathrm{T}}\boldsymbol{W}_m\boldsymbol{H}_m\right)'\boldsymbol{H}_m^{\mathrm{T}}\boldsymbol{W}_m\boldsymbol{R}\boldsymbol{W}_m\boldsymbol{H}_m\left(\boldsymbol{H}_m^{\mathrm{T}}\boldsymbol{W}_m\boldsymbol{H}_m\right)'\geqslant\left(\boldsymbol{H}_m^{\mathrm{T}}\boldsymbol{R}^{-1}\boldsymbol{H}_m\right)^{-1} \qquad (4\text{-}51)$$

式（4-51）说明，只有当 $W_m=R^{-1}$ 时，估计的均方误差才能达到最小，最小值为 $\left(\boldsymbol{H}_m^{\mathrm{T}}\boldsymbol{R}^{-1}\boldsymbol{H}_m\right)^{-1}$。因此，在加权最小二乘估计中，马尔可夫估计是最有效的估计。

4.3.2 极大似然法

极大似然法（maximum likelyhood）是建立在概率统计原理基础上的经典方法，在众多领域中得到广泛应用。极大似然估计是一类概率性的贝叶斯估计方法，它根据观测数据和未知参数一般都具有随机统计特性这一特点，通过引入观测量的条件概率密度或条件概率分布，构造一个以观测数据和未知参数为自变量的似然函数——极大化似然函数，以观测值出现的概率最大作为估计准则，获得系统模型的参数估计值。

4.3.2.1 极大似然参数估计原理

用数学语言归纳起来，极大似然估计的原理表述为：设 y 为一随机变量，在未知参数 θ 条件下，y 的概率分布密度函数 $p(y|\theta)$ 的分布类型已知。为了得到 θ 的估计值，对随机变量 y 进行 N 次观测，得到一随机观测序列 $\{y(k)\}$，其中 $k=1,2,\cdots,N$。如果把这 N 个观测值记作 $Y_N=[y(1), y(2),\cdots, y(N)]^{\mathrm{T}}$，则 Y_N 的联合概率密度（或概率分布）为 $p(Y_N|\theta)$，那么参数 θ 的极大似然估计就是使观测值 $Y_N=[y(1), y(2),\cdots, y(N)]^{\mathrm{T}}$ 出现概率为最大的参数估计值 $\hat{\theta}_{ML}$，$\hat{\theta}_{ML}$ 称为 θ 的极大似然估计。即 $\max\left\{p(Y_N|\theta)\big|_{\hat{\theta}_{ML}}\right\}$。

因此，极大似然参数估计的意义在于：对一组确定的随机观测值 Y_N，设法找到极大似然估计值 $\hat{\theta}_{ML}$，使随机变量 y 在 $\hat{\theta}_{ML}$ 条件下的概率密度函数最大可能地逼近随机变量 y 在 θ_0（θ 的真值）条件下的概率密度函数，即

$$p\left(\boldsymbol{Y}_N|\ \theta\right)\big|_{\hat{\theta}_{ML}}\xrightarrow{\quad\max\quad} p(y|\theta_0) \qquad (4\text{-}52)$$

对一组确定的观测数据 Y_N，$p(Y_N|\theta)$ 仅仅是未知参数 θ 的函数，已不再是概率密度函数的概念，此时的 $p(Y_N|\theta)$ 称作 θ 的似然函数，记为 $L(Y_N|\theta)$，使 $L(Y_N|\theta)$ 达到极大值的 θ 即为其极大似然估计值 $\hat{\theta}_{ML}$，一般通过求解下列方程获得 $L(Y_N|\theta)$ 的驻点，从而解得 $\hat{\theta}_{ML}$。

$$\left[\frac{\partial L\left(\mathbf{Y}_N \mid \theta \right)}{\partial \theta} \right]_{\hat{\theta}_{ML}}^{T} = 0 \qquad (4\text{-}53)$$

式（4-53）称为似然方程。由于对数函数是单调递增函数，$L(Y_N|\theta)$ 和 $\ln L(Y_N|\theta)$ 具有相同的极值点。在实际应用中，为了便于求取 $\hat{\theta}_{ML}$，将连乘计算转变为连加，对似然函数取对数得到 $\ln L(Y_N|\theta)$，称为对数似然函数，求解对数似然方程

$$\left[\frac{\partial \ln L(\theta)}{\partial \theta} \right]_{\hat{\theta}_{ML}}^{T} = 0 \qquad (4\text{-}54)$$

从而获得参数 θ 的极大似然估计 $\hat{\theta}_{ML}$。

4.3.2.2 似然函数的构造

在实际应用中，根据随机观测序列是通过独立观测获得还是序贯观测获得，似然函数的确定相应分为两种情况。

（1）独立观测。如果 $y(1), y(2), \cdots, y(N)$ 是一组在独立观测条件下获得的随机序列，即各观测值之间互相独立，则似然函数 $L(Y_N|\theta)$ 为

$$L\left(\mathbf{Y}_N \mid \theta \right) = p(y(1) \mid \theta) p(y(2) \mid \theta) \cdots p(y(N) \mid \theta) = \prod_{i=1}^{N} p(y(i) \mid \theta) \qquad (4\text{-}55)$$

对式（4-55）两边取对数，得对数似然函数

$$\ln L\left(\mathbf{Y}_N \mid \theta \right) = \sum_{i=1}^{N} \ln p(y(i) \mid \theta) \qquad (4\text{-}56)$$

（2）序贯观测。序贯观测即观测值要 $y(i)$ 是在已有观测 $y(1), y(2), \cdots, y(i-1)$ 的基础上得到的，意味着 $y(1), y(2), \cdots, y(N)$ 不相互独立，则似然函数 $L(Y_N|\theta)$ 为

$$L\left(\mathbf{Y}_N \mid \theta \right) = p(y(N), y(N-1), \cdots, y(2), y(1) \mid \theta) \qquad (4\text{-}57)$$

按照条件概率公式，有

$$p\left(\mathbf{Y}_i \mid \theta \right) = p\left(y(i) \mid \mathbf{Y}_{i-1}, \theta \right) \cdot p\left(\mathbf{Y}_{i-1} \mid \theta \right) \qquad (4\text{-}58)$$

其中，$\mathbf{Y}_i$ 表示观测序列 $\{y(1), y(2), \cdots, y(i)\}$。

在式（4-57）中反复运用式（4-58），则似然函数为

$$L\left(\boldsymbol{Y}_N \mid \theta\right) = \left[\prod_{i=2}^{N} p\left(y(i) \mid \boldsymbol{Y}_{i-1}, \theta\right)\right] \cdot p(y(1)) \tag{4-59}$$

其对数似然函数为

$$\ln L\left(\boldsymbol{Y}_N \mid \theta\right) = \sum_{i=2}^{N} p\left(y(i) \mid \boldsymbol{Y}_{i-1}, \theta\right) + \ln p(y(1)) \tag{4-60}$$

4.3.2.3　动态系统参数的极大似然参数估计

以上介绍的是极大似然法用于估计静态系统参数的情况，是概率论与数理统计方面关注的问题。对于信息、控制与系统学科，更加关心的是如何利用极大似然法解决动态系统参数估计。

动态系统模型如图 4-13 所示，设 $A\left(z^{-1}\right) = C\left(z^{-1}\right), n(k) = e(k) / C\left(z^{-1}\right)$，则有

$$\begin{cases} A\left(z^{-1}\right) y(k) = B\left(z^{-1}\right) u(k) + e(k) \\ e(k) = D\left(z^{-1}\right) v(k) \end{cases} \tag{4-61}$$

式中，其中 $v(k)$ 为零均值高斯白噪声，$u(k)$ 和 $y(k)$ 表示系统的输入和输出变量，且

$$\begin{cases} A\left(z^{-1}\right) = 1 + a_1 z^{-1} + a_2 z^{-2} + \cdots + a_n z^{-n} \\ B\left(z^{-1}\right) = b_1 z^{-1} + b_2 z^{-2} + \cdots + b_n z^{-n} \\ D\left(z^{-1}\right) = 1 + d_1 z^{-1} + d_2 z^{-2} + \cdots + d_n z^{-n} \end{cases} \tag{4-62}$$

同时，设系统是渐进稳定的，即 $A(z^{-1})$ 和 $D(z^{-1})$ 的所有零点都位于 z 平面单位圆内，$A(z^{-1})$、$B(z^{-1})$ 和 $D(z^{-1})$ 没有公共因子。

此处仅考虑线性定常系统，将式（4-61）采用差分方程形式表示为

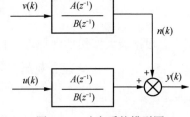

图 4-13　动态系统模型图

$$y(k) = -\sum_{i=1}^{n} a_i y(k-i) + \sum_{i=0}^{n} b_i u(k-i) + e(k) \tag{4-63}$$

式中：$y(k)$ 是系统在 k 时刻的输出；$u(k-i)$ 为系统 $k-i$ 时刻的输入。

随机噪声 $e(k)$ 表示为

$$e(k) = v(k) + d_1 v(k-1) + \cdots + d_n v(k-n) \tag{4-64}$$

111

其中 $v(k)$ 为零均值高斯白噪声，即

$$E\{v(k)\} = 0$$

$$E\{v(k)\}\{v(j)\} = \begin{cases} \sigma^2, & k = j \\ 0, & k \neq j \end{cases}$$

设 Σ_e 为 $e(k)$ 的协方差阵，Σ_e 表示为

$$\Sigma_e = E\left[e_N e_N^{\mathrm{T}}\right] = \begin{bmatrix} E[e(1)e(1)] & E[e(1)e(2)] & \cdots & E[e(1)e(N)] \\ E[e(2)e(1)] & E[e(2)e(2)] & \cdots & E[e(2)e(N)] \\ & & \vdots & \\ E[e(N)e(1)] & E[e(N)e(2)] & \cdots & E[e(N)e(N)] \end{bmatrix} \tag{4-65}$$

根据随机噪声 $e(k)$ 的特点，将其分为两种情况分别讨论：一种情况是 $e(k)$ 为零均值不相关随机噪声，且 $\Sigma_e = \sigma_e I$，I 为 $N \times N$ 维单位阵；另一种情况是 $e(k)$ 为有色噪声，且协方差阵 Σ_e 未知。

（1）$e(k)$ 为不相关随机噪声情况下（协方差已知）的极大似然参数估计。将式（4-63）表示为

$$y(k) = -\sum_{i=1}^{n} a_i y(k-i) + \sum_{i=1}^{n} b_i u(k-i) + e(k) = \psi^{\mathrm{T}}(k)\theta + e(k) \tag{4-66}$$

其中 $\quad \psi(k) = \begin{bmatrix} -y(k-1) & \cdots & -y(k-n) & u(k) & \cdots & u(k-n) \end{bmatrix}^{\mathrm{T}}$

$$\theta = \begin{bmatrix} a_1 & \cdots & a_n & b_1 & \cdots & b_n \end{bmatrix}^{\mathrm{T}}$$

根据极大似然估计原理，对系统输出 y 进行 N 次独立观测，得到观测序列 $y(1)$，$y(2), \cdots, y(N)$，由此建立观测序列与输入之间的矩阵方程形式，即

$$Y_N = \Psi_N \theta + e_N \tag{4-67}$$

其中

$$Y_N = \begin{bmatrix} y(1) \\ \vdots \\ y(N) \end{bmatrix}, \Psi_N = \begin{bmatrix} \psi^{\mathrm{T}}(1) \\ \vdots \\ \psi^{\mathrm{T}}(N) \end{bmatrix}, e_N = \begin{bmatrix} e(1) \\ \vdots \\ e(N) \end{bmatrix}$$

由于系统为线性定常系统，如果噪声 $e(k)$ 服从正态分布，对于确定性输入，系统输出也服从正态分布。在参数 θ 条件下，独立观测序列 $y(1), y(2), \cdots, y(N)$ 的联

合概率密度为

$$p\left(\boldsymbol{Y}_N \mid \boldsymbol{\theta}\right) = (2\pi)^{-\frac{N}{2}} \left(\det \boldsymbol{\Sigma}_e\right)^{-\frac{N}{2}} e^{\left[-\frac{1}{2}[Y_N - \boldsymbol{\Psi}_N \theta]^T \boldsymbol{\Sigma}_e^{-1}[Y_N - \boldsymbol{\Psi}_N \theta]\right]} \quad (4\text{-}68)$$

其中，$\det \boldsymbol{\Sigma}_e$ 表示 $\boldsymbol{\Sigma}_e$ 的行列式。

因此，对于一组确定的观测序列 $Y_N = [y(1), \cdots, y(N)]^T$，似然函数 $L(Y_N \mid \theta)$ 为

$$L\left(\boldsymbol{Y}_N \mid \boldsymbol{\theta}\right) = (2\pi)^{-\frac{N}{2}} \left(\det \boldsymbol{\Sigma}_e\right)^{-\frac{N}{2}} \exp\left\{-\frac{1}{2}[\boldsymbol{Y}_N - \boldsymbol{\Psi}_N \boldsymbol{\theta}]^T \boldsymbol{\Sigma}_e^{-1}[\boldsymbol{Y}_N - \boldsymbol{\Psi}_N \boldsymbol{\theta}]\right\} \quad (4\text{-}69)$$

需要注意的是，似然函数 $L(Y_N \mid \theta)$ 中的 Y_N 表示的是一组确定的观测值，而式（4-68）中的 Y_N 表示一组随机的观测值。

对式（4-69）等号两边取对数，得到对数似然函数为

$$\ln L\left(\boldsymbol{Y}_N \mid \boldsymbol{\theta}\right) = -\frac{N}{2}\ln(2\pi) - \frac{N}{2}\ln\left(\det \boldsymbol{\Sigma}_e\right) - \frac{1}{2}[\boldsymbol{Y}_N - \boldsymbol{\Psi}_N \boldsymbol{\theta}]^T \boldsymbol{\Sigma}_e^{-1}[\boldsymbol{Y}_N - \boldsymbol{\Psi}_N \boldsymbol{\theta}] \quad (4\text{-}70)$$

求对数似然函数的极大值，得到未知参数 θ 的极大似然估计 $\hat{\theta}_{\mathrm{ML}}$ 为

$$\hat{\boldsymbol{\theta}}_{\mathrm{ML}} = \left(\boldsymbol{\Psi}_N^T \boldsymbol{\Sigma}_t^{-1} \boldsymbol{\Psi}_N\right)^{-1} \boldsymbol{\Psi}_N^T \boldsymbol{\Sigma}_r^{-1} \boldsymbol{Y}_N \quad (4\text{-}71)$$

因为 $\boldsymbol{\Sigma}_e = \sigma_e^2 I$，则式（4-71）为

$$\hat{\boldsymbol{\theta}}_{\mathrm{ML}} = \left(\boldsymbol{\Psi}_N^T \boldsymbol{\Psi}_N\right)^{-1} \boldsymbol{\Psi}_N^T \boldsymbol{Y}_N \quad (4\text{-}72)$$

可见，参数 θ 的极大似然估计和最小二乘估计在 $\{e(k)\}$ 为零均值、方差为 σ_e^2 的不相关随机序列这种情况下的结果是相同的。但是，两种辨识方法对方差 σ_e^2 的估计结果 $\hat{\sigma}_e^2$ 略有差别。极大似然对方差 σ_e^2 的估计过程为

$$\left.\frac{\partial \ln L\left(\boldsymbol{Y}_N \mid \boldsymbol{\theta}\right)}{\partial \sigma_e^2}\right|_{\sigma_e^2 = \hat{\sigma}_e^2} = 0 \quad (4\text{-}73)$$

得

$$\hat{\sigma}_e^2 = \frac{1}{N}\left(\boldsymbol{Y}_N - \boldsymbol{\Psi}_N \hat{\boldsymbol{\theta}}_{\mathrm{ML}}\right)^T \left(\boldsymbol{Y}_N - \boldsymbol{\Psi}_N \hat{\boldsymbol{\theta}}_{\mathrm{ML}}\right) \quad (4\text{-}74)$$

当 N 充分大时，极大似然估计和最小二乘估计是很接近的。

（2）$e(k)$ 为有色噪声且协方差阵未知情况下的系统参数极大似然估计。在实际应用中，$e(k)$ 常常为有色噪声，即式（4-64）中的 d_i 非全为零并且未知，其协方差

阵 Σ_e 也未知，则式（4-63）表示为

$$y(k) = -\sum_{i=1}^{n} a_i y(k-i) + \sum_{i=0}^{n} b_i u(k-i) + v(k) + \sum_{i=1}^{n} d_i v(k-i) = \boldsymbol{\psi}^{\mathrm{T}}(k)\boldsymbol{\theta} + v(k) \quad （4-75）$$

其中 $\boldsymbol{\psi}(k) = \begin{bmatrix} -y(k-1) & \cdots & -y(k-n) & u(k) & \cdots & u(k-n) & v(k-1) & \cdots & v(k-n) \end{bmatrix}^{\mathrm{T}}$

$$\theta = \begin{bmatrix} a_1 & \cdots & a_n & b_1 & \cdots & b_n \end{bmatrix}^{\mathrm{T}}$$

同样对系统输出 y 进行 N 次独立观测，获得 N 组输出数据 $y(n+1),\cdots,y(n+N)$ 和 N 组输入数据 $u(n+1),\cdots,u(n+N)$，在给定参数 θ 和输入序列 $\{u(k)\}$ 的条件下，输出数据序列 $\{y(k)\}$ 的联合条件概率密度函数为

$$p(y(n+1), y(n+2), \cdots, y(n+N)\mid u(n+1),u(n+2),\cdots,u(n+N),\theta)$$
$$= p(y(n+N)\mid y(n+1),\cdots,y(n+N-1),u(n+1),u(n+2),\cdots,u(n+N-1),\theta) \times$$
$$p(y(n+N-1)\mid y(n+1),\cdots,y(n+N-2),u(n+1),u(n+2),\cdots,u(n+N-2),\theta) \quad （4-76）$$
$$\times \cdots p(y(n+1)\mid u(n),\theta)$$
$$= \prod_{k=n+1}^{n+N} p(y(k)\mid y(n+1), y(n+2),\cdots, y(k-1),u(n+1),u(n+2),\cdots,u(n+N),\theta)$$

根据式（4-75），有

$$p(y(n+1), y(n+2), \cdots, y(n+N)\mid u(n+1),u(n+2),\cdots,u(N+n),\theta)$$
$$= \prod_{k=n+1}^{n+N} p\left(-\sum_{i=1}^{n} a_i y(k-i) + \sum_{i=0}^{n} b_i u(k-i) + v(k) \right. \quad （4-77）$$
$$\left. + \sum_{i=1}^{n} d_i v(k-i)\mid y(n+1), y(n+2),\cdots, y(k-1),u(n+1),u(n+2),\cdots,u(k-1),\theta \right)$$

当观测进行到 k 时刻时，k 时刻以前的 $y(n+1)$，$y(n+2),\cdots$，$y(k-1)$，$u(n+1)$，$u(n+2),\cdots,u(k-1)$ 以及 $v(n+1),\cdots,v(k-1)$ 都已经确定，且 $v(k)$ 与 $y(n+1)$，$y(n+2),\cdots$，$y(k-1),u(n+1),u(n+2),\cdots,u(k-1)$ 以及 θ 都不相关，因此式（4-77）表示为

$$p(y(n+1), y(n+2),\cdots, y(n+N)\mid u(n+1),u(n+2),\cdots,$$
$$u(N+n-1),\theta) = \prod_{k=n+1}^{n+N} p(v(k)) + \mathrm{const} \quad （4-78）$$

其中，const 为根据 k 时刻以前的确定量求得的常数。

由于 $v(k)$ 为零均值高斯白噪声，因此式（4-78）为

$$p[y(n+1), y(n+2), \cdots, y(n+N)|\, u(n+1), u(n+2), \cdots, u(N+n), \theta]$$

$$= \prod_{k=n+1}^{n+N} \left\{ \left(2\pi\sigma^2\right)^{-\frac{1}{2}} \exp\left[-\frac{v^2(k)}{2\sigma^2}\right] \right\} + \text{const} \tag{4-79}$$

$$= \left(2\pi\sigma^2\right)^{-\frac{N}{2}} \exp\left[-\frac{1}{2\sigma^2} \sum_{k=n+1}^{n+N} v^2(k)\right] + \text{const}$$

式中：σ^2 为 $v(k)$ 的方差。

综上所述，可得观测序列 $Y_N=[y(n+1)\cdots y(n+N)]^{\mathrm{T}}$ 在参数 θ 和输入序列 $U_N=[u(n)\cdots u(n+N)]^{\mathrm{T}}$ 条件下的似然函数为

$$L\left(\boldsymbol{Y}_N|\ \boldsymbol{U}_N, \boldsymbol{\theta}\right) = \left(2\pi\sigma^2\right)^{-\frac{N}{2}} \mathrm{e}^{\left(-\frac{1}{2\sigma^2}\sum_{k=n+1}^{n+N} v^2(k)\right)+\text{const}} \tag{4-80}$$

取对数似然函数为

$$\ln L\left(\boldsymbol{Y}_N|\ \boldsymbol{U}_N, \boldsymbol{\theta}\right) = -\frac{N}{2}\ln\left(2\pi\sigma^2\right) - \frac{1}{2\sigma^2} \sum_{k=n+1}^{n+N} v^2(k) + \text{const} \tag{4-81}$$

根据极大似然估计原理，方差 σ^2 的极大似然估计 $\hat{\sigma}^2$ 满足

$$\frac{\partial}{\partial\sigma^2} \ln L\left(\boldsymbol{Y}_N|\ \boldsymbol{U}_N, \boldsymbol{\theta}\right)\bigg|_{\sigma^2=\hat{\sigma}^2} = -\frac{N}{2\sigma^2} + \frac{1}{2\sigma^4}\sum_{k=n+1}^{n+N} v^2(k)\bigg|_{\sigma^2=\hat{\sigma}^2} = 0 \tag{4-82}$$

因此

$$\hat{\sigma}^2 = \frac{1}{N}\sum_{k=n+1}^{n+N} v^2(k) \tag{4-83}$$

将式（4-83）代入式（4-81），可得

$$\ln L\left(\boldsymbol{Y}_N|\ \boldsymbol{U}_N, \boldsymbol{\theta}\right) = -\frac{N}{2}\ln\left[\frac{1}{N}\sum_{k=n+1}^{n+N} v^2(k)\right] - \frac{N}{2} + \text{const} = -\frac{N}{2}\ln\left[\frac{1}{N}\sum_{k=n+1}^{n+N} v^2(k)\right] + \text{const} \tag{4-84}$$

从式（4-84）可以看出，根据极大似然估计原理，未知参数 θ 的极大似然估计 $\hat{\theta}_{ML}$ 使 $\ln L(Y_N|U_N, \theta)$ 取极大值，这等价于使

$$V\left(\hat{\boldsymbol{\theta}}_{\mathrm{ML}}\right) = \frac{1}{N_k}\sum_{k=n+1}^{n+N} v^2(k)\bigg|_{\hat{\boldsymbol{\theta}}_{\mathrm{ML}}} = \min \tag{4-85}$$

根据式（4-75），$v(k)$ 满足的约束条件为

$$v(k) = y(k) + \sum_{i=1}^{n} a_i y(k-i) - \sum_{i=1}^{n} b_i u(k-i) - \sum_{i=1}^{n} d_i v(k-i) \qquad (4\text{-}86)$$

根据式（4-83），噪声方差的估计值 $\hat{\sigma}^2$ 为

$$\hat{\sigma}^2 = \min V(\boldsymbol{\theta}) = V\left(\hat{\boldsymbol{\theta}}_{\mathrm{ML}}\right) \qquad (4\text{-}87)$$

综上所述，当噪声 $e(k)$ 为有色噪声且协方差阵未知的情况下，系统参数极大似然估计问题可以归结为：在式（4-86）约束条件下，参数 θ 的似然估计 $\hat{\boldsymbol{\theta}}_{\mathrm{ML}}$ 应使得 $V\left(\hat{\boldsymbol{\theta}}_{\mathrm{ML}}\right)$，为了计算方便，用指标函数 $J(\theta)$ 来代替 $V(\theta)$

$$J(\theta) = \frac{1}{2} \sum_{k=n+1}^{n+N} v^2(k) \qquad (4\text{-}88)$$

由于 N 为常数，因此 $J(\theta)$ 和 $V(\theta)$ 的极小值点相同。

4.4 人工智能辨识方法

4.4.1 群智能算法

群智能算法在系统辨识中的应用：随着优化理论的不断发展，智能算法迅速崛起并被广泛应用于解决传统系统辨识问题，如遗传算法、蚁群算法和粒子群算法等。这些算法为系统辨识技术注入了新的活力，通过模拟自然现象和过程来实现优化，为解决具有非线性系统的辨识问题提供了创新的解决方案。

智能算法不受问题模型特性的限制，能够高效地搜索复杂、高度非线性和多维空间，因此非常适用于系统参数的辨识，为系统辨识研究和应用提供了全新的路径。近几十年来，系统辨识领域取得了长足的进步，已成为控制理论中极为活跃和重要的分支之一。

4.4.1.1 遗传算法

（1）遗传算法基本原理。遗传算法以达尔文的自然选择理论为基础，将"优胜劣汰，适者生存"的生物进化原理引入了优化参数形成的编码串群体中。通过选择适应值函数并应用遗传操作（包括复制、交叉和变异），高适应值的个体得以保留，组成新的群体。新一代群体既继承了上一代的信息，又有所优化。这个过程不断迭代，使得群体中个体的适应度逐渐提高，直至满足特定条件。遗传算法

116

具有简单的算法结构，可并行处理，并能够寻找全局最优解。遗传算法的基本操作有复制、交叉、变异。

1）复制（reproduction operator）。复制是从一个旧种群中选择生命力强的个体（位串）产生新种群的过程。根据位串的适配值复制，也就是指具有高适配值的位串更有可能在下一代中产生一个或多个子孙。它模仿了自然现象，应用了达尔文的适者生存理论。复制操作可以通过随机方法来实现。若用计算机程序来实现，可考虑首先产生 0～1 之间均匀分布的随机数，若某串的复制概率为 40%，则当产生的随机数在 0.40～1.0 之间时，该串被复制，否则被淘汰。此外，还可以通过计算方法实现，其中较典型的几种方法为适应度比例法、期望值法、排位次法等，适应度比例法较常用。选择运算是复制中的重要步骤。

2）交叉（crossover operator）。复制操作能从旧种群中选择出优秀者，但不能创造新的染色体。而交叉模拟了生物进化过程中的繁殖现象，通过两个染色体的交换组合，来产生新的优良品种。它的过程为：在匹配池中任选两个染色体，随机选择一点或多点交换点位置；交换双亲染色体交换点右边的部分，即可得到两个新的染色体数字串。交换体现了自然界中信息交换的思想。交叉有一点交叉、多点交叉，还有一致交叉、顺序交叉和周期交叉。一点交叉是最基本的方法，应用较广。它是指染色体有一处切断点，例如，A：101100 1110→101100 0101；B：001010 0101→001010 1110。

3）变异（mutation operator）。变异运算用来模拟生物在自然的遗传环境中由于各种偶然因素引起的基因突变，它以很小的概率随机地改变遗传基因（表示染色体的符号串的某一位）的值。在染色体以二进制编码的系统中，它随机地将染色体的某一个基因由 1 变为 0，或由 0 变为 1。若只有选择和交叉，而没有变异，则无法在初始基因组合以外的空间进行搜索，使进化过程在早期就陷入局部解而进入终止过程，从而影响解的质量。为了在尽可能大的空间中获得质量较高的优化解，必须采用变异操作。

（2）遗传算法的特点。遗传算法的主要特点有基于参数的编码操作、多点搜索信息、直接使用目标函数、概率搜索技术、高效启发式搜索、无函数限制、并行计算。

1）基于参数的编码操作。遗传算法借鉴了自然界中生物遗传和进化的机制采用对参数进行编码的方式，而非直接操作参数本身。

2）多点搜索信息。与传统的单点搜索方法不同，遗传算法从一个初始群体开始搜索最优解。这种隐含的并行性使得遗传算法在搜索效率上具有优势，因为它同时利用多个搜索点的信息。

3）直接使用目标函数。遗传算法直接以目标函数值作为搜索信息，而不需要目标函数的导数等辅助信息。这使得遗传算法适用于目标函数难以求导或不存在导数的情况，也适用于组合优化问题。

4）概率搜索技术。遗传算法使用概率搜索技术，包括选择、交叉、变异等运算都以概率方式进行。这种灵活性使得遗传算法的搜索过程更为适应问题的复杂性，并在进化过程中产生更多优良的个体。

5）高效启发式搜索。遗传算法在解空间进行高效的启发式搜索，而非盲目穷举或完全随机搜索。这有助于快速找到问题的最优解。

6）无函数限制。遗传算法对待寻优的函数几乎没有限制，不要求函数连续性或可微性，可以处理数学解析式、映射矩阵甚至神经网络的隐函数，适用范围广泛。

7）并行计算。具有并行计算的特点，可通过大规模并行计算提高计算速度，尤其适用于大规模复杂问题的优化。

（3）遗传算法的应用领域。遗传算法常应用于函数优化、组合优化、生产调度问题、自动控制、机器人、图像处理等。

1）函数优化。函数优化是遗传算法的经典应用领域，也是遗传算法进行性能评价的常用算例。尤其是对非线性、多模型、多目标的函数优化问题，采用其他优化方法较难求解，而遗传算法却可以得到较好的结果。

2）组合优化。随着问题规模的扩大，组合优化问题的搜索空间会呈指数级增长，这使得采用传统优化方法难以有效找到全局最优解。遗传算法是寻求这种满意解的最佳工具。例如，遗传算法已经在求解旅行商问题、背包问题、装箱问题、图形划分问题等方面得到成功的应用。

3）生产调度问题。在很多情况下，采用建立数学模型的方法难以对生产调度问题进行精确求解。在现实生产中多采用一些经验进行调度。遗传算法是解决复杂调度问题的有效工具，在单件生产车间调度、流水线生产车间调度、生产规划、任务分配等方面遗传算法都得到了有效的应用。

4）自动控制。在自动控制领域中有很多与优化相关的问题需要求解，遗传算法已经在其中得到了初步的应用。例如，利用遗传算法进行控制器参数的优化、基于遗传算法的模糊控制规则的学习、基于遗传算法的参数辨识、基于遗传算法的神经网络结构的优化和权值学习等。

5）机器人。例如，遗传算法已经在移动机器人路径规划、关节机器人运动轨迹规划、机器人结构优化和行为协调等方面得到研究和应用。

6）图像处理。遗传算法可用于图像处理过程中的扫描、特征提取、图像分割等的优化计算。目前遗传算法已经在模式识别、图像恢复和图像边缘特征提取等方面得到了应用。

（4）遗传算法的优化设计。

1）遗传算法的构成要素。

a. 染色体编码方法基本遗传算法使用固定长度的二进制符号来表示群体中的个体，其等位基因是由二值符号集{0，1}所组成的。初始个体的基因值可用均匀分布的随机值来生成，如 x=100111001000101101 就可表示一个个体，该个体的染色体长度是 18。

b. 个体适应度评价基本遗传算法与个体适应度成正比的概率来决定当前群体中每个个体遗传到下一代群体中的概率多少。为正确计算这个概率，要求所有个体的适应度必须为正数或零。因此，必须先确定由目标函数值到个体适应度之间的转换规则。

c. 遗传算子。基本遗传算法中的 3 种运算使用的 3 种遗传算子有：选择运算使用比例选择算子；交叉运算使用单点交叉算子；变异运算使用基本位变异算子或均匀变异算子。

d. 基本遗传算法的运行参数，有下述 4 个运行参数需要提前设定。

M：群体大小，即群体中所含个体的数量，一般取为 20～100。

G：遗传算法的终止进化代数，一般取为 100～500。

P_c：交叉概率，一般取为 0.4～0.99。

P_m：变异概率，一般取为 0.0001～0.1。

2）遗传算法的应用步骤。对于一个需要进行优化的实际问题，一般可按下述步骤构造遗传算法：

第 1 步：确定决策变量及各种约束条件，即确定出个体的表现型 X 和问题的解空间。

第 2 步：建立优化模型，即确定出目标函数的类型及数学描述形式或量化方法。

第 3 步：确定表示可行解的染色体编码方法，即确定出个体的基因型 x 及遗

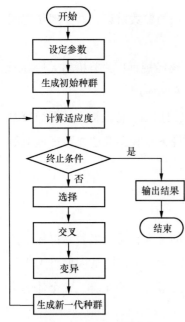

图 4-14　遗传算法流程图

传算法的搜索空间。

第 4 步：确定个体适应度的量化评价方法，即确定出由目标函值 $J(x)$ 到个体适应度函数 $F(x)$ 的转换规则。

第 5 步：设计遗传算子，即确定选择运算、交叉运算、变异运算等遗传算子的具体操作方法。

第 6 步：确定遗传算法的有关运行参数，即 M、G、P_c、P_m 等参数。

第 7 步：确定解码方法，即确定出由个体表现型 X 到个体基因型 x 的对应关系或转换方法。

以上操作过程可以用图 4-14 来表示。

4.4.1.2　粒子群优化算法

粒子群算法（particle swarm optimization，PSO）是一种进化计算技术是近年来迅速发展的一种新型进化算法。最初的 PSO 是模拟鸟群觅食行为而产生的一种基于群体协作的随机搜索算法。它模拟了一群鸟在空间中自由飞翔觅食的过程，每只鸟都能记住自己曾经飞过的最高位置，并随机地靠近该位置。这些鸟之间可以相互交流，试图靠近整个鸟群中曾经飞过的最高点，从而在一段时间内找到近似的最高点。

PSO 算法是一种进化算法，类似于遗传算法，它也是从随机解出发，通过迭代寻找最优解。与遗传算法相比，PSO 算法更为简单，没有遗传算法的"交叉"和"变异"操作，而是通过追随当前搜索到的最优值来寻找全局最优解。PSO 算法以其实现简单、精度高、收敛快等优点受到学术界的关注，并在解决实际问题中展示了其优越性。目前，PSO 算法已广泛应用于函数优化、系统辨识、模糊控制等领域。

（1）粒子群算法基本原理。PSO 算法模拟鸟群的捕食行为。设想这样一个场景：一群鸟在随机搜索食物，在这个区域里只有一块食物，所有的鸟都不知道食物在哪里，但是它们知道当前的位置离食物还有多远。那么找到食物的最优策略就是搜寻目前离食物最近的鸟的周围区域。

PSO 算法从这种模型中得到启示并用于解决优化问题。PSO 算法中，每个优化问题的解都是搜索空间中的一只鸟，称为"粒子"。所有的粒子都有一个由被优

120

化的函数决定的适应度值，适应度值越大越好。每个粒子还有一个速度决定它们飞行的方向和距离，粒子们追随当前的最优粒子在解空间中搜索。

PSO 算法首先初始化为一群随机粒子（随机解），然后通过迭代找到最优解。在每次迭代中，粒子通过跟踪两个"极值"来更新自己的位置。第一个极值是粒子本身所找到的最优解，这个解称为个体极值。另一个极值是整个种群目前找到的最优解，这个极值称为全局极值。另外也可以不用整个种群而只是用其中一部分作为粒子的邻居，那么在所有邻居中的极值就是全局极值。

（2）粒子群算法参数设置。应用 PSO 算法解决优化问题的过程中有两个重要的步骤：问题解的编码和适应度函数。

1）编码 PSO 的一个优势就是采用实数编码，例如，对于问题 $f(x) = x_1^2 + x_2^2 + x_3^2$ 求最大值，粒子可以直接编码为 (x_1, x_2, x_3)，而适应度函数就是 $f(x)$。

2）PSO 中需要调节的数。

a. 粒子数：一般取 20~40，对于比较难的问题，粒子数可以取到 100 或 200。

b. 最大速度 V_{max}：决定粒子在一个循环中最大的移动距离，通常小于粒子的范围宽度。较大的 V_{max} 可以保证粒子种群的全局搜索能力，较小的 V_{max} 则保证粒子种群的局部搜索能力加强。

c. 学习因子：c_1 和 c_2 通常可设定为 2.0。c_1 为局部学习因子，c_2 为全局学习因子，一般取 c_2 大一些。

d. 惯性权重：一个大的惯性权值有利于展开全局寻优，而一个小的惯性权值有利于局部寻优。当粒子的最大速度 V_{max} 很小时，使用接近于 1 的惯性权重；当 V_{max} 不是很小时，使用权重 0.8 较好。

还可使用时变权重。如果在迭代过程中采用线性递减惯性权值，则粒子群算法在开始时具有良好的全局搜索性能，能够迅速定位到接近全局最优点的区域，而在后期具有良好的局部搜索性能，能够精确地得到全局最优解。经验表明，惯性权重采用从 0.90 线性递减到 0.10 的策略，会获得比较好的算法性能。

e. 中止条件：最大循环数或最小误差要求。

（3）算法流程。

1）初始化：设定参数运动范围，设定学习因子 c_1、c_2，最大进化代数 G，kg 表示当前的进化代数。在一个 D 维参数的搜索解空间中，粒子组成的种群规模大小为 Size，每个粒子代表解空间的一个候选解，其中第 $i(1 \leqslant i \leqslant \text{Size})$ 个粒子在整个解空间的位置表示为 X_i，速度表示为 V_i。第 i 个粒子从初始到当前迭代次数搜索产生的最优解、个体极值 P_i、整个种群目前的最优解为 BestS。随机产生 Size 个粒子，随机产生初始种群的位置矩阵和速度矩阵。

2）个体评价（适应度评价）：将各个粒子初始位置作为个体极值，计算群体中各个粒子的初始适应值 $f(X_i)$，并求出种群最优位置。

3）更新粒子的速度和位置，产生新种群，并对粒子的速度和位置进行越界检查。为避免算法陷入局部最优解，加入一个局部自适应变异算子进行调整。

$$V_i^{kg}+1 = w(t) \times V_i^{kg} + c_1 r_1 \left(p_i^{kg} - X_i^{kg} \right) + c_2 r_2 \left(\text{Best}_i^{kg} - X_i^{kg} \right) \tag{4-89}$$

$$X_i^{kg+1} = X_i^{kg} + V_i^{kg} + 1 \tag{4-90}$$

其中，kg=1,2,$\cdots$,G,i=1,2,$\cdots$,Size,r_1 和 r_2 为 0 到 1 的随机数，c_1 为局部学习因子，c_2 为全局学习因子，一般取 c_2 大一些。

4）比较粒子的当前适应值 $f(X_i)$ 和自身历史最优值 p_i，如果 $f(X_i)$ 优于 p_i，则置 p_i 为当前值 $f(X_i)$，并更新粒子位置。

5）比较粒子当前适应值 $f(X_i)$ 与种群最优值 BestS，如果 $f(X_i)$ 优于 BestS，则置 BestS 为当前值 $f(X_i)$，更新种群全局最优值。

6）检查结束条件，若满足，则结束寻优；否则 kg=kg+1，转至 3）。结束条件为寻优达到最大进化代数，或评价值小于给定精度。

PSO 的算法流程图如图 4-15 所示。

（4）基于粒子群算法的函数优化。利用粒子群算法求 Rosenbrock 函数的极大值，即

$$\begin{cases} f\left(x_1, x_2\right) = 100\left(x_1^2 - x_2\right)^2 + \left(1 - x_1\right)^2 \\ -2.048 \leqslant x_i \leqslant 2.048 \quad (i=1,2) \end{cases}$$

该函数有两个局部极大点，分别是 f(2.048, −2.048)=3897.7342 和 f(−2.048, −2.048)=3905.9262，其中后者为

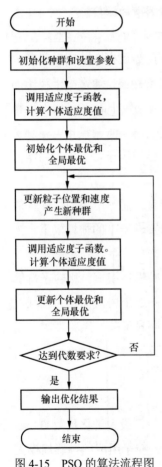

图 4-15　PSO 的算法流程图

开始

初始化种群和设置参数

调用适应度子函数，计算个体适应度值

初始化个体最优和全局最优

更新粒子位置和速度产生新种群

调用适应度子函数。计算个体适应度值

更新个体最优和全局最优

达到代数要求？　否

是

输出优化结果

结束

全局最大点。

粒子群算法包括全局粒子群算法和局部粒子群算法。全局粒子群算法中，每个粒子的速度的更新是根据粒子自己历史最优值 p_i 和粒子群体全局最优值 BesS。为了避免陷入局部极小，可采用局部粒子群算法，每个粒子速度更新则依赖于粒子自己历史最优值 p_i 和粒子邻域内粒子的最优值 p_{local}。

全局粒子群算法中，粒子 i 的邻域随着迭代次数的增加而逐渐增加，开始第一次迭代，它的邻域粒子的个数为 0，随着迭代次数邻域线性变大，最后邻域扩展到整个粒子群。全局粒子群算法收敛速度快，但容易陷入局部最优。而局部粒子群算法收敛速度慢，但可有效避免局部最优。

根据取邻域的方式的不同，局部粒子群算法有很多不同的实现方法。本节采用最简单的环形邻域法，以 8 个粒子为例说明局部粒子群算法，如图 4-16 所示。在每次进行速度和位置更新时，粒子 1 追踪 1、2、8 三个粒子中的最优个体，粒子 2 追踪 1、2、3 三个粒子中的最优个体，依此类推。

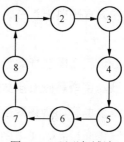

图 4-16　环形邻域法

局部粒子群算法中，按如下两式更新粒子的速度和位置

$$V_i^{kg+1} = w(t) \times V_i^{kg} + c_1 r_1 \left(p_i^{kg} - X_i^{kg} \right) + c_2 r_2 \left(p_{ilocal}^{kg} - X_i^{kg} \right) \tag{4-91}$$

$$X_i^{kg+1} = X_i^{kg} + V_i^{kg+1} \tag{4-92}$$

其中，p_{ilocal}^{kg} 为局部寻优的粒子。

同样，对粒子的速度和位置要进行越界检查，为避免算法陷入局部最优解，加入一个局部自适应变异算子进行调整。采用实数编码求函数极大值，用两个实数分别表示两个决策变量 x_1，x_2，分别将 x_1，x_2 的定义域离散化为从离散点 -2.048 到离散点 2.048 的 Size 个实数。个体的适应度直接取为对应的目标函数值，越大越好。即取适应度函数为 $F(x)=(x_1, x_2)$。

在粒子群算法仿真中，取粒子群个数 Size 为 50，最大迭代次数 G 为 100，粒子运动最大速度 V_{max} 为 1.0，即速度范围为 $[-1, 1]$。学习因子取 $c_1=1.3$，$c_2=1.7$，采用线性递减的惯性权重，惯性权重采用从 0.90 线性递减到 0.10 的策略。

根据 M 的不同可采用不同的粒子群算法。取 M=2，采用局部粒子群算法。按式（4-91）和式（4-92）更新粒子的速度和位置，产生新种群。经过 100 步迭代，最佳样本为 BestS=[-2.048，-2.048]，即当 $x_1=-2.048$，$x_2=-2.048$ 时，Rosenbrock

函数具有极大值，极大值为 3905.9。

适应度函数 F 的变化过程如图 4-17 所示，由仿真可见，随着迭代过程的进行，粒子群通过追踪自身极值和局部极值，不断更新自身的速度和位置，从而找到全局最优解。通过采用局部粒子群算法，增强了算法的局部搜索能力，有效地避免了陷入局部最优解，仿真结果表明正确率在 95%以上。

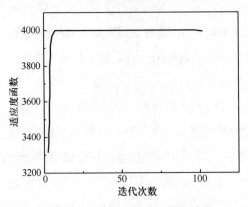

图 4-17　适应度函数 F 的优化过程

4.4.2　神经网络算法

神经网络作为一门在 20 世纪末迅速发展起来的学科，在各个领域都得到了广泛应用。特别是在智能系统中的非线性建模与控制器设计、模式分类与识别、联想记忆和优化计算等方面，神经网络引起了人们的极大兴趣。其良好的非线性映射能力、自学习适应性和并行信息处理能力为解决未知不确定的非线性系统辨识问题提供了一种新的方法。

在辨识非线性系统时，可以利用神经网络的结构，通过对任意非线性映射的逼近能力来模拟实际系统的输入和输出关系。神经网络的自学习和自适应能力使得经过学习训练后可以得到系统的正向或逆向模型。神经网络被广泛应用于非线性动态系统的辨识和参数辨识。在神经网络辨识中，可以将确定某一非线性映射的问题转化为求解优化问题，并通过调整网络的权值矩阵来实现优化过程。此外，神经网络还可以与模糊系统相结合，以实现非线性系统的建模。

与传统的基于算法的辨识方法相比，神经网络用于系统辨识具有诸多优点：

不需要建立实际系统的辨识格式，避免了系统建模的步骤；能够对本质非线性系统进行辨识；辨识的收敛速度仅与神经网络本身和所采用的学习算法有关；通过调节神经元之间的连接权重即可使网络的输出逼近系统的输出；神经网络辨识可用于系统的在线控制。因此，神经网络在非线性系统辨识中的应用具有重要的研究价值和广泛的应用前景。

4.4.2.1 神经网络理论基础

神经网络从人脑的生理学和心理学着手，通过人工模拟人脑的工作机理来实现智能辨识。神经网络可以实现非线性系统，甚至模型难以预先确定的系统的辨识。

神经网络是在现代生物学研究人脑组织成果的基础上提出的，用来模拟人类大脑神经网络的结构和行为。神经网络反映了人脑功能的基本特征，如并行信息处理、学习、联想、模式分类、记忆等。

（1）神经网络原理。神经生理学和神经解剖学的研究表明，人脑极其复杂，由一千多亿个神经元交织在一起的网状结构构成，其中大脑皮层约有 140 亿个神经元，小脑皮层约有 1000 亿个神经元。人脑能完成智能、思维等高级活动。为了能利用数学模型来模拟人脑的活动，促使了神经网络的研究。

图 4-18 所示是单个神经元的解剖图，神经系统的基本构造是神经元（神经细胞），它是处理人体内各部分之间相互信息传递的基本单元。每个神经元都由一个细胞体、一个连接其他神经元的轴突和一些向外伸出的其他较短分支——树突组成。轴突的功能是将本神经元的输出信号（兴奋）传递给别的神经元，其末端的许多神经末梢使得兴奋可以同时传送给多个神经元。树突的功能是接受来自其他神经元的兴奋。神经元细胞体将接收到的所有信号进行简单的处理后，由轴突输出。神经元的轴突与另外神经元神经末梢相连的部分称为突触。

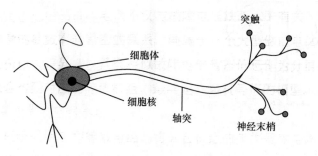

图 4-18　单个神经元的解剖图

神经元由细胞体、树突、轴突、突触四个部分构成。①细胞体（主体部分）包括细胞质、细胞膜和细胞核；②树突用于为细胞体传入信息；③轴突为细胞体传出信息，其末端是轴突末梢，含传递信息的化学物质；④突触是神经元之间的接口（$10^4 \sim 10^5$ 个/神经元）。通过树突和轴突，神经元之间实现了信息的传递。

神经网络的研究主要分为神经元模型、神经网络结构和神经网络学习算法三方面的内容。

图 4-19 为单个神经元网络示意图，u_i 为神经元的内部状态，θ_i 为阈值，x_j（$j=1,\cdots,n$）为输入信号，w_{ij} 为表示从单元 u_j 到单元 u_i 的连接权系数，s_i 为外部输入信号。图 4-19 所示的模型可描述为

$$\text{Net}_i = \sum_j w_{ij} x_j + s_i - \theta_i \qquad （4-93）$$

$$u_i = f\left(\text{Net}_i\right) \qquad （4-94）$$

$$y_i = g(u_i) = h\left(\text{Net}_i\right) \qquad （4-95）$$

通常情况下，取 $g(u_i)=u_i$，即 $y_i=f(\text{Net}_i)$。

常用的神经元非线性特性有阈值型、分段线性型和函数型三种。

1）阈值型。函数表达式为

$$f\left(\text{Net}_i\right) = \begin{cases} 1 & \text{Net}_i > 0 \\ 0 & \text{Net}_i \leqslant 0 \end{cases} \qquad （4-96）$$

阈值型函数如图 4-20 所示。

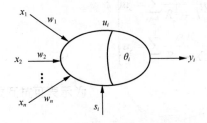

图 4-19　单个神经元网络示意图

S_i—神经元外部输入信号

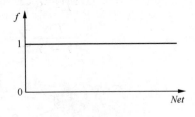

图 4-20　阈值型函数

2）分段线性型。函数表达式为

$$f\left(\text{Net}_i\right) = \begin{cases} 0 & \text{Net}_i > \text{Net}_{i0} \\ k\text{Net}_i & \text{Net}_{i0} < \text{Net}_i < \text{Net}_{il} \\ f_{\max} & \text{Net}_i \geqslant \text{Net}_{il} \end{cases} \tag{4-97}$$

分段线性型函数如图 4-21 所示。

3）函数型。有代表性的有 Sigmoid 型和高斯型函数。Sigmoid 型函数表达式为

$$f\left(Net_i\right) = \frac{1}{1+e^{-\frac{Ne_i}{T}}} \tag{4-98}$$

Sigmoid 型函数如图 4-22 所示。

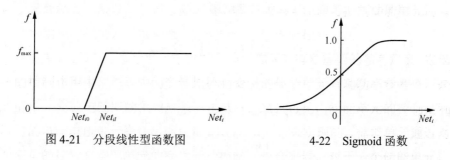

图 4-21　分段线性型函数图　　　　4-22　Sigmoid 函数

神经元具有如下功能。

a. 兴奋与抑制。如果传入神经元的冲动经整合后使细胞膜电位升高，超过动作电位的阈值时即为兴奋状态，产生神经冲动，由轴突经神经末梢传出。如果传入神经元的冲动经整合后使细胞膜电位降低，低于动作电位的阈值时即为抑制状态，不产生神经冲动。

b. 学习与遗忘。由于神经元结构的可塑性，突触的传递作用可增强和减弱，因此神经元具有学习与遗忘的功能。

（2）神经网络学习算法

神经网络学习算法是神经网络智能特性的重要标志，神经网络通过学习算法，实现了自适应、自组织和自学习的能力。目前神经网络的学习算法有多种，按有无教师分类，可分为有教师学习（supervised learning）、无教师学习（unsupervised learning）和再励学习（reinforcement learning）等几大类。下面介绍两个基本的神经网络学习算法。

1）Hebb 学习规则。Hebb 学习规则是一种联想式学习算法。生物学家 D.O.Hebbian 基于对生物学和心理学的研究，认为两个神经元同时处于激发状态时，它们之间的连接强度将得到加强，这一论述的数学描述被称为 Hebb 学习规则，即

$$w_{ij}(k+1)=w_{ij}(k)+I_iI_j \tag{4-99}$$

式中：$w_{ij}(k)$为连接从神经元 i 到神经元 j 的当前权值；I_i 和 I_j 为神经元的激活水平。

Hebb 学习规则是一种无教师的学习方法，它只根据神经元连接间的激活水平改变权值，因此，这种方法又称为相关学习或并联学习。

2）Delta(δ)学习规则。假设误差准则函数为

$$E=\frac{1}{2}\sum_{p=1}^{P}\left(d_p-y_p\right)^2=\sum_{p=1}^{P}E_p \tag{4-100}$$

$$y_p=f(WX_p)$$

$$W=\begin{pmatrix}w_0 & w_1 & \cdots & w_n\end{pmatrix}^{\mathrm{T}} \tag{4-101}$$

$$X_p=\begin{pmatrix}x_{p0} & x_{p1} & \cdots & x_{pn}\end{pmatrix}^{\mathrm{T}} \tag{4-102}$$

式中：d_p 代表期望的输出（教师信号）；y_p 为网络的实际输出；W 为网络所有权值组成的向量；X_p 为输入模式。

其中，训练样本数为 $p=1,2,\cdots,P$。

神经网络学习的目的是通过调整权值 W，使误差准则函数最小。可采用梯度下降法来实现权值的调整，其基本思想是沿着 E 的负梯度方向不断修正 W 值，直到 E 达到最小，这种方法的数学表达式为

$$\nabla W=\eta\left(-\frac{\partial E}{\partial W_i}\right)$$
$$\frac{\partial E}{\partial W_i}=\sum_{p=1}^{P}\frac{\partial E_p}{\partial W_i} \tag{4-103}$$

其中

$$E_p=\frac{1}{2}\left(d_p-y_p\right)^2 \tag{4-104}$$

令 $\theta_p = WX_p$，则

$$\frac{\partial E_p}{\partial W_i} = \frac{\partial E_p}{\partial \theta_p}\frac{\partial \theta_p}{\partial W_i} = \frac{\partial E_p}{\partial y_p}\frac{\partial y_p}{\partial \theta_p}X_{ip} = -(d_p - y_p)f'(\theta_p)X_{ip} \tag{4-105}$$

W 的修正规则为

$$\Delta W_i = \eta \sum_{p=1}^{P}(d_p - y_p)f'(\theta_p)X_{ip} \tag{4-106}$$

（3）神经网络的要素及特征。人工神经网络是对生物神经网络的某种抽象、简化与模拟，由许多并行互联的相同的神经元模型组成。网络的信息处理由神经元之间的相互作用来实现，知识与信息存储在处理单元的相互连接上；网络学习和识别决定于神经元连接权系数的动态演化过程。一个神经网络模型描述了一个网络如何把输入向量转化为输出适量的过程。通常神经网络有以下三要素：①神经元（信息处理单元）的特性；②神经元之间相互连接的拓扑结构；③为适应环境而改善性能的学习规则。

人工神经网络是由大量处理单元互连组成的非线性、自适应信息处理系统。它是在现代神经科学研究成果的基础上提出的，试图通过模拟大脑神经网络处理、记忆信息的方式进行信息处理。人工神经网络的特征为：①能逼近任意非线性函数；②信息的并行分布式处理与存储；③可以有多个输入和多输出；④便于用超大规模集成电路（VISI）或光学集成电路系统实现，或用现有的计算机技术实现；⑤能进行学习，以适应环境的变化。

（4）人工神经网络辨识的特点。神经网络与系统辨识结合有别于前面提到的辨识方法。将神经网络作为被辨识系统的模型，可在已知常规模型结构的情况下，估计模型的参数；利用神经网络的线性、非线性特性，可建立线性、非线性系统的静态、动态、逆动态及预测模型，实现非线性系统的建模。神经网络辨识的特点为：①不要求建立实际系统的辨识格式，即可省去系统结构建模这一步骤；②可以对本质非线性系统进行辨识；③辨识的收敛速度不依赖于待辨识系统的维数，只于神经网络本身及其所采用的学习算法有关；④神经网络的连接权值在辨识中对应于模型参数，通过权值的调节可使网络输出逼近于系统输出；⑤神经网络作为实际系统的辨识模型，实际上也是系统的一个物理实现，可以用于在线控制。

4.4.2.2 BP 神经网络辨识

（1）BP 神经网络。

误差反向传播神经网络简称 BP（back propagation）网络，该网络是一种单向传播的多层前向网络。

误差反向传播的 BP 算法简称 BP 算法，其基本思想是最小二乘法。它采用梯度搜索技术，使网络的实际输出值与期望输出值的误差均方值为最小。

BP 网络的特点为：①BP 网络是一种多层网络，包括输入层、隐含层和输出层；②层与层之间采用全互连方式，同一层神经元之间不连接；③权值通过 δ 学习算法进行调节；④神经元激发函数为 S 函数；⑤学习算法由正向传播和反向传播组成；⑥层与层的连接是单向的，信息的传播是双向的。

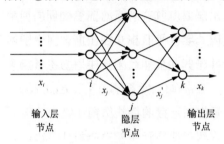

图 4-23　BP 神经网络结构

i—输入层神经元；j—隐层神经元；
k—输出层神经元

（2）BP 神经网络结构。含一个隐含层的 BP 网络结构如图 4-23 所示。

（3）BP 网络的优缺点。

BP 网络的优点为：

1）只要有足够多的隐层和隐层节点，BP 网络可以逼近任意的非线性映射关系。

2）BP 网络的学习算法属于全局逼近算法，具有较强的泛化能力。

3）BP 网络输入/输出之间的关联信息分布地存储在网络的连接权中，个别神经元的损坏只对输入/输出关系有较小的影响，因而 BP 网络具有较好的容错性。

BP 网络的主要缺点为：

1）待寻优的参数多，收敛速度慢；

2）目标函数存在多个极值点，按梯度下降法进行学习，很容易陷入局部极小值；

3）难以确定隐层及隐层节点的数目。目前，如何根据特定的问题来确定具体的网络结构尚无很好的方法，仍需根据经验来试凑。

由于 BP 网络具有很好的逼近非线性映射的能力，该网络在模式识别、图像处理、系统辨识、函数拟合、优化计算、最优预测和自适应控制等领域有着较为广泛的应用。

由于 BP 网络具有很好的逼近特性和泛化能力，可用于神经网络控制器的设计。但由于 BP 网络收敛速度慢，难以适应实时控制的要求。

4.4.2.3　基于数据的 BP 网络离线建模

由于神经网络具有自学习、自组织和并行处理等特征，并具有很强的容错能力和联想能力，因此，神经网络具有模式识别的能力。

在神经网络模式识别中，根据标准的输入、输出模式对，采用神经网络学习算法，以标准的模式作为学习样本进行训练，通过学习调整神经网络的连接权值。当训练满足要求后，得到的神经网络权值构成了模式识别的知识库，利用神经网络并行推理算法对所需要的输入模式进行识别。

神经网络模式识别具有较强的鲁棒性。当待识别的输入模式与训练样本中的某个输入模式相同时，神经网络识别的结果就是与训练样本中相对应的输出模式。当待识别的输入模式与训练样本中所有输入模式都不完全相同时，则可得到与其相近样本相对应的输出模式。当待识别的输入模式与训练样本中所有输入模式相差较远时，就不能得到正确的识别结果，此时可将这一模式作为新的样本进行训练，使神经网络获取新的知识，并存储到网络的权值矩阵中，从而增强网络的识别能力。

BP 网络的训练过程为：正向传播是输入信号从输入层经隐层传向输出层，若输出层得到了期望的输出，则学习算法结束；否则，转至反向传播。

网络的学习算法如下：

1）前向传播：计算网络的输出。

隐层神经元的输入为所有输入的加权之和，即

$$x_j = \sum_i w_{ij} x_i \tag{4-107}$$

隐层神经元的输出 x_j' 采用 S 函数激发 x_j，得

$$x_j' = f(x_j) = \frac{1}{1 + e^{-x_j}} \tag{4-108}$$

则

$$\frac{\partial x_j'}{\partial x_j} = x_j'(1 - x_j') \tag{4-109}$$

输出层神经元的输出为

$$x_l = \sum_j w_{jl} x_j' \tag{4-110}$$

网络第 l 个输出与相应理想输出 x_l^0 的误差为

$$e_l = x_l^0 - x_l \qquad (4\text{-}111)$$

第 p 个样本的误差性能指标函数为

$$E_p = \frac{1}{2}\sum_{l=1}^{N} e_l^2 \qquad (4\text{-}112)$$

式中：N 为网络输出层的个数。

每次迭代时，分别依次对各个样本进行训练，更新连接权值，直到所有样本训练完毕，再进行下一次迭代，直到满足精度为止。

2）反向传播：采用梯度下降法，调整各层间的权值。

权值的学习算法如下：输出层及隐层的连接权值 w_{jl} 学习算法为

$$\Delta w_{jl} = -\eta \frac{\partial E_p}{\partial w_{jl}} = \eta e_l \frac{\partial x_l}{\partial w_{jl}} = \eta e_l x_j' \qquad (4\text{-}113)$$

$k+1$ 时刻网络的权值为

$$w_{jl}(k+1) = w_{jl}(k) + \Delta w_{jl} \qquad (4\text{-}114)$$

隐层及输入层连接权值 w_{jl} 学习算法为

$$\Delta w_{ij} = -\eta \frac{\partial E_p}{\partial w_{ij}} = \eta \sum_{l=1}^{N} e_l \frac{\partial x_l}{\partial w_{ij}} \qquad (4\text{-}115)$$

其中

$$\frac{\partial x_l}{\partial w_{ij}} = \frac{\partial x_l}{\partial x_j'} \cdot \frac{\partial x_j'}{\partial x_j} \cdot \frac{\partial x_j}{\partial w_{ij}} = w_{jl} \cdot \frac{\partial x_j'}{\partial x_j} \cdot x_i = w_{jl} \cdot x_j'(1 - x_j') \cdot x_i \qquad (4\text{-}116)$$

如果考虑上次权值对本次权值变化的影响，需要加入动量因子 α，此时的权值为

$$w_{jl}(k+1) = w_{jl}(k) + \Delta w_{jl} + \alpha\left[w_{jl}(k) - w_{j'}(k-1)\right]$$
$$w_{ij}(t+1) = w_{ij}(t) + \Delta w_{ij} + \alpha\left[w_{jl}(k) - w_{j'}(k-1)\right] \qquad (4\text{-}117)$$

式中：η 为学习速率，$\eta \in [0,\ 1]$；α 为动量因子，$\alpha \in [0,\ 1]$。

4.5 单机模型特性拟合分析

本节主要展示通过参数辨识计算，获得储能变流器关键控制参数后，储能单机模型在遇到特定工况时，电气特性曲线与实测特性曲线的误差对比。通过 RT-LAB 的实际数据进行参数辨识计算，得到储能变流器控制策略的关键 PID 控制参数 K_p、K_i 等，调整储能单机模型的变流器控制策略，使模型控制策略接近实际储能变流器的控制策略和控制效果。通过观察相同工况情况下，实测曲线和单机模型曲线的拟合情况，并且曲线计算差值来判断参数辨识的效果。

分析基于半实物仿真平台 RT-LAB 得到的实测数据，经过参数辨识后得到关键控制参数，通过仿真的形式，对黑盒控制器的控制策略进行复现，并进行比较。

设置故障发生低电压穿越，有功功率 P 为 $0.9P_n$，无功功率 Q 为 $0.3Q_n$，电压 U 为 $0.8U_n$，发生三相低穿故障 1.727s 时，实际某控制器电路与辨识后测试参数模型在某母线处的电压标幺值、有功功率标幺值、无功功率标幺值、有功电流标幺值、无功电流标幺值曲线拟合误差情况如图 4-24～图 4-28 所示。

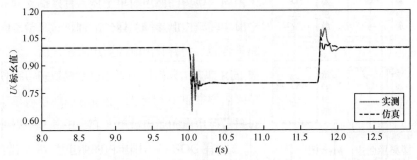

图 4-24 $P = 0.9P_n$、$Q = 0.3Q_n$、$U = 0.8U_n$ 时，三相低穿 U（标幺值）曲线拟合误差情况

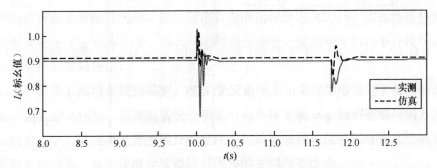

图 4-25 $P = 0.9P_n$、$Q = 0.3Q_n$、$U = 0.8U_n$ 时，三相低穿 I_p 时（标幺值）曲线拟合误差情况

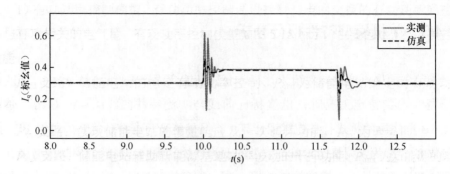

图 4-26 $P = 0.9P_\mathrm{n}$、$Q = 0.3Q_\mathrm{n}$、$U = 0.8U_\mathrm{n}$ 时，三相低穿 I_q（标幺值）曲线拟合误差情况

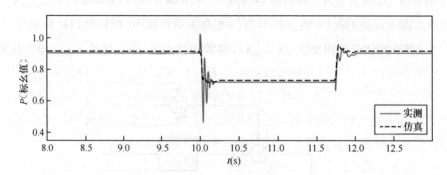

图 4-27 $P = 0.9P_\mathrm{n}$、$Q = 0.3Q_\mathrm{n}$、$U = 0.8U_\mathrm{n}$ 时，三相低穿 P（标幺值）曲线拟合误差情况

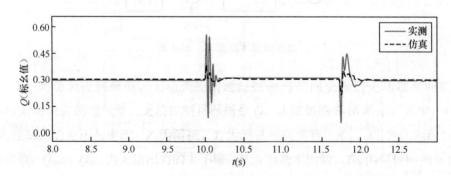

图 4-28 $P = 0.9P_\mathrm{n}$、$Q = 0.3Q_\mathrm{n}$、$U = 0.8U_\mathrm{n}$ 时，三相低穿 Q（标幺值）曲线拟合误差情况

设置故障发生高电压穿越，有功功率 P 为 $0.2P_\mathrm{n}$、无功功率 Q 为 0，电压 U 为 $1.15U_\mathrm{n}$、发生三相高穿故障 10s 时，实际某控制器电路与辨识后测试参数模型在某母线处的电压标幺值、有功功率标幺值、无功功率标幺值、有功电流标幺值、无功电流标幺值曲线拟合误差情况如图 4-29～图 4-33 所示。

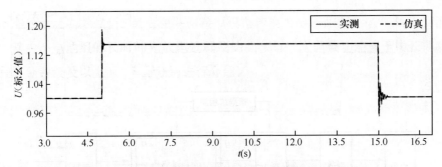

图 4-29 $P = 0.2P_n$、$Q = 0$、$U = 1.15U_n$、三相高穿 U（标幺值）

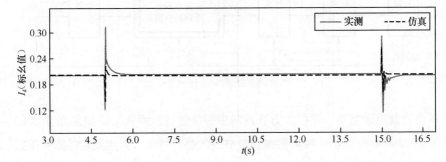

图 4-30 $P = 0.2P_n$、$Q = 0$、$U = 1.15U_n$、三相高穿 I_d（标幺值）

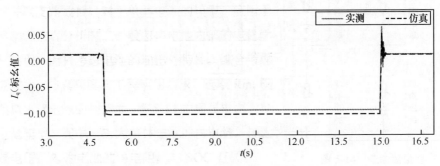

图 4-31 $P = 0.2P_n$、$Q = 0$、$U = 1.15U_n$、三相高穿 I_q（标幺值）

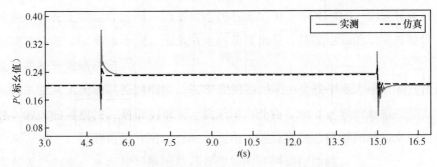

图 4-32 $P = 0.2P_n$、$Q = 0$、$U = 1.15U_n$、三相高穿 P（标幺值）

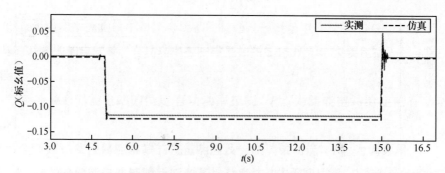

图 4-33　$P = 0.2P_n$、$Q = 0$、$U = 1.15U_n$、三相高穿 Q（标幺值）

5 大型储能电站等值建模

5.1 场站搭建方法和储能机组仿真模型

5.1.1 储能电站布置方式

目前大容量储能电站一般采用户外集装箱式电池舱布置方案。电池舱作为一个储能单元，主要由电池组、储能变流器（power conversion system，PCS）、换流变压器、电池管理系统（battery management system，BMS）等组成。电池舱内电池组由单体电池根据电池组额定电压和额定容量进行一定数量的串并联组成，然后通过成套的 PCS 以及换流变压器升压至指定电压。整个储能电站根据总容量由多个电池舱并联组成，各电池舱的运行状态由其内部的 BMS 监测，其相关运行状态数据上传至总站的数据采集（supervisory control and data acquisition，SCADA）和能量管理系统（energy management system，EMS），上级电网调度中心可通过实时以太网和百兆以太网与总站的 SCADA 和 EMS 通信，以监控储能电站整体运行状态并控制 PCS 运行。图 5-1 为某储能电站的电气主接线图。

5.1.2 储能机组仿真模型

5.1.2.1 储能电站模型

储能电站机组整体模型结构如图 5-2 所示。其中，场站级控制模型提供站级调频、调压功能；电压穿越状态模型与荷电状态计算模型为储能电池的控制模型；变流器控制包含正常运行控制和电压穿越控制，对暂态响应影响较大，尤其是电压穿越控制，需要在仿真分析中重点关注。

5.1.2.2 荷电状态计算模型与变流器有功控制系统

荷电状态计算模型表征储能电站当前储能状态。变流器控制系统根据储能状态

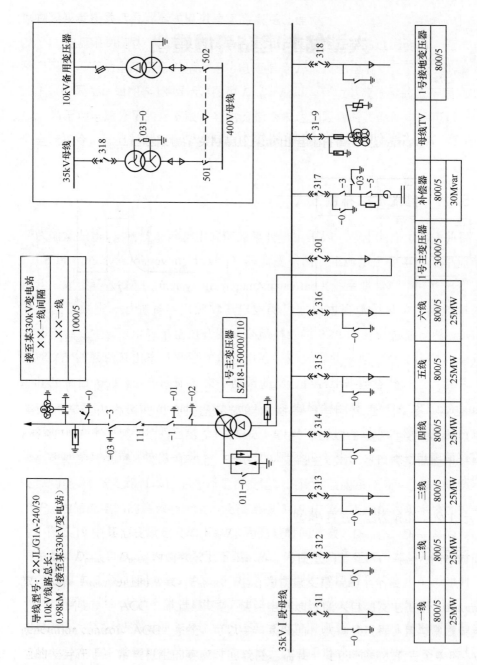

图 5-1 某储能电站电气主接线图

138

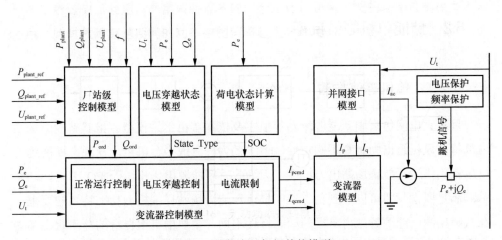

图 5-2　储能电站机组整体模型

P_{ord}—有功功率指令；Q_{ord}—无功功率指令；P_{plant_ref}、Q_{plant_ref}、U_{plant_ref}—有功功率、无功功率以及电压
参考值；P_e—发电机发出的有功功率；Q_e—无功功率；U_t—机端电压；SOC—储能
机组的荷电深度；I_{ac}—等效电流源的电流；I_{pcmd} 和 I_{qcmd}—有功电流输出指令和
无功电流输出指令

控制有功电流的输出，当充满电后将不能继续充电，当放完电后将不能继续放电。

荷电状态计算模型与变流器有功控制系统如图 5-3 所示。

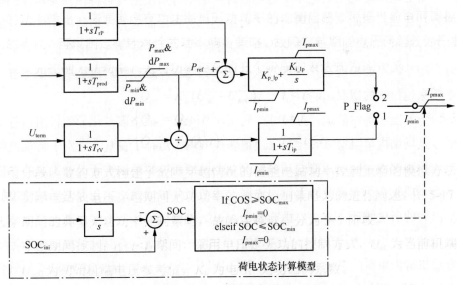

图 5-3　荷电状态计算模型与变流器有功控制系统

5.2 储能单机等值模型

5.2.1 单机等值方法

目前大电网仿真中新能源场站等值主要依靠单机倍乘模型。虽然新能源场站内部每台风机组出力具有不确定性，但等效为一台或多台机组，在稳态期间仍旧可以精确描述新能源场站出力特性，因为此时新能源电场相当于 PQ 节点，功率总额满足要求，即可以达到稳态期间描述新能源场站详细模型功率特性的要求。在故障期间新能源场站内单机的动态特性不同，主要由机组自身的功率状态和端口电压跌落深度决定。单机倍乘等效得到的新能源场站机组端口电压和功率特性与实际新能源场站不同，使得新能源场站等效的外特性与实际有偏差。等效误差的来源与新能源场站内部各机组的功率分布、端口特性、故障期间无功支撑大小有关。新能源场站模型综合考虑了上述影响因素，通过对阻抗分布等值以及功率分布等值，减少暂态期间的误差，如实反映新能源场站对系统的外特性，提升新能源仿真计算精度。

在研究新能源场站低电压穿越特性时，场站等值模型暂态特性需要与详细场站暂态特性致，因此不能采用简单倍乘和整体聚合，而应考虑场站内电气布局的特性和各单机不同的低电压穿越特性。如新能源场站并网点电压标幺值在 0.9 附近时，场站内可能出现近并网点的风机进入低电压穿越控制，而远端风机不进入低电压穿越控制的情况。

由于新能源场站的运行方式时刻变化，当风速/光照强度变化导致机组运行点改变以及场站内机组检修安排等，使得新能源场站运行工祝具有区别于常规机组的极大不确定性，因此，建立从多角度完全模拟新能源场站实际运行工况的等值模型是一项复杂而有难度的工作。依据上述功率分布特性，综合考虑场站内单机功率出力的历史统计、方式安排等因素，场站内机组可按平均出力进行简单分群等值或按大、小出力情况进行分群等值。等值后需保证：等值机组额定容量等于聚合前机群内单机的额定容量之和：等值机组的电压方程和状态方程形式与单台发电机相同：等值机组的变流器额定容量等于聚合前机群内单机变流器额定容量之和。此外，单机的控制系统分群等值前后，其模型及参数不变。大规模电力系统动态等值方法按照不同的应用背景大体可以分为同调等值法、模式等值法、估计等值法三种。同调等值法认为转速或频率相近的发电机为"同调"机组，具有相似的动态运行特性，可以用一台等值机组来简化表示，主要用于系统在大扰动下的稳定性分析。等值机组的模型、参数可以在已有详细模型的基础上，对元器件参数进行化简得出，方法直观、简便。模式等值法基于线性化状态方程，以等值前后系统特征根的动态性质不变为原则，主要用于系统在小扰动下的离线稳定性分析。估计等值法不需要系统对象的详细结构和参数数据，而是根据系统的外部动态特性以及输入输出关系，动态辨识出模型的结构和参数，主要用于系统的动态在线安全分析。

现阶段储能电站的等值建模大多基于同调思想，对原系统进行分群。根据储能电站规模、研究问题侧重点的不同，可以将储能电站等值模型划分为单机等值模型和多机等值模型。

单机等值模型不考虑对储能电站进行分群，即以一个储能单元来等值整个储能电站。考虑到理想情况和实际情况的需要，对单机等值可以采用容量加权和参数辨识两种方法。

（1）容量加权法。理想情况下，认为储能电站中各逆变器的类型相同，各储能单元的所有参数相等并且在同一时刻发送的功率一致，这时可以根据并网点电压和总输出电流恒定的原则，将整个储能电站等效为一个储能单元。这种等值对各参数进行简单的容量加权，是一种最基本的等值方法。在针对储能电站的建模中，通常是对各单元进行动态特性分析，建立各单元机电暂态模型，然后依据容量加权和损耗不变原则，得到机组聚集后的电站模型。

（2）参数辨识法。通常情况下不能简单地将储能电站等值条件进行理想化，这时可以选用一个通用的储能模型进行参数辨识，辨识出逆变器和各发电单元的结构参数，得到单机等值。可以将拥有多输入和输出口的线性动态系统应用于储能变流器，基于最小二乘法理论，对储能变流器进行结构辨识和参数估计。参数辨识虽然不需要进行理想简化，但这种方法无法顾及到变流器类型以及储能电站内部结构，其得到的等值模型不具有广泛的适用性。

在实际的大型储能电站中，各变流器类型可能有所不同，而且不同储能单元所处的外部环境各有不同，即使变流器的类型与参数相同，其运行工况也可能不同。采用容量加权法或者参数辨识法虽然方法简便，但用一个等值发电单元代替所有的储能发电单元来研究整个储能电站的动态响应特性始终有较大误差。这时需要考虑新的等值方法,在储能电站等值模型具有一定简化程度的基础上,保证其满足误差范围内的精度要求。

5.2.1.1　基于戴维南定理的等值方法

(1)逆变器等值。等值逆变器结构与单个储能单元中逆变器结构一致,等值逆变器结构参数中所有阻抗为单个储能单元中逆变器对应阻抗的 $1/n_1$(n_1 为单个储能单元的数量),即 $R_{eq}=1/n_1R$、$L_{eq}=1/n_1L$、$C_{eq}=1/n_1C$,其中 R、L、C 为单个储能单元中逆变器的电阻、电感、电容参数;R_{eq}、L_{eq}、C_{eq} 为等值逆变器的相应参数。

同时,等值逆变器容量 S_{eq} 为 n_1 个单个储能单元中逆变器的容量 S 之和,因控制系统中采用标幺值,故等值控制器参数与单个储能单元中逆变器控制参数一致。

(2)变压器等值。等值升压变的容量为储能单元中升压变容量的 n_1 倍,阻抗标幺值参数不变。

(3)集电线等值。作出两点假设:由于集电线路的长度较短,线路上的电压跌落较小,假设各储能单元机端电压大小相等;假设各储能单元的功率因数相同。

基于两个假设条件可以得到干线式结构的等值阻抗为

$$Z_{eq\_n1} = \frac{\sum_{i=n}^{n_1}\left[\left(\sum_{j=1}^{i} S_{1i}\right)^2 Z_{1i}\right]}{\left(\sum_{i=1}^{n_1} S_{1i}\right)^2} \tag{5-1}$$

集电线路的电纳总和为

$$B_{eq\_n1} = \sum_{i=1}^{n_1} B_{1i} \tag{5-2}$$

将干线式储能电站中各集电线上的单个储能单元进行等值后,储能电站的结构简化为 m 个等值储能单元的放射式结构,可继续按上述步骤对 m 个等值储能单元进行整个储能电站的逆变器、变压器及阻抗等值。

5.2.1.2　基于受控电流源的等值方法

n 个工作在不同工况下的储能单元可以用 1 个储能单元等效,而这个等值单

元也可拆分成 n 个并联的相同工况的储能单元，对储能电站的等值，则可转化为对这 n 台工况相同的储能单元进行等值。此时，只需取这 n 个相同状态储能单元中的 1 个单元保持并网，并将并网点电流扩大至该储能发电单元的 n 倍即可。具体方法为：

（1）保留 1 台详细的等值工况储能单元，并实时检测其输出电流 I_{eq1}。

（2）在保留的储能单元并网点并联三相受控电流源，并根据 I_{eq1} 和等值储能单元数目 n 控制受控电流源的输出电流 I_s，即

$$I_s = (n-1)I_{eq1} \tag{5-3}$$

5.2.2 单机等值举例

储能电站在电力系统中发挥越来越重要的作用，特别是在面对可再生能源的高比例集成和系统灵活性需求增加的情况下。现有研究主要分为电磁暂态建模和机电暂态建模。电磁暂态模型通过控制策略控制电力电子元件来控制储能的输出，主要用于设计和改善储能系统本身的出力特性、控制策略等，仿真步长小、速度慢，难以满足长时间尺度或大系统仿真需求。电磁单机等值是一种简化电磁暂态分析的方法，通过将储能电站等效为一个单一的发电机模型，有助于更好地理解和集成储能系统对电力系统的影响。

电磁单机等值的原则是等值前后功率损耗不变。在 Simulink 模型中，发电机等效模型采用"以容量加权，阻抗串并联"的方式，等效后的参数包括额定容量 S_{eq}、额定功率 P_{eq}、定子电阻 R_{seq} 和定子电抗 X_{seq}。S_i、P_i、R_s、X_s 分别为各发电机的额定容量、有功功率、定子电阻和定子电抗。

变压器等效模型同样采用"以容量加权，阻抗串并联"的方式。等效后的参数包括等效变压器的额定容量 S_{Teq} 和阻抗 Z_{Teq}。S_{Ti} 与 Z_T 分别为各变压器的额定容量和阻抗。

集电线路等效模型采用等值前后功率损耗不变的原则，根据流入等值模型的有功功率 P_1 和无功功率 Q_1，集电线路的有功损耗和无功损耗，可以得到等值模型集电线路电阻 R_{ac}、电抗 X_{ac}。根据求得的发电机容量、变压器阻抗与集电线路等值阻抗可得出储能电站电磁单机等值模型。

机电暂态模型在详细模型的基础上进行适当简化，表征储能本身的各种特性时不如电磁模型精细，难以满足对储能本身进行优化设计的仿真需求，但其仿真

步长大、仿真速度快，可以满足长时间尺度或储能接入后对大系统暂态过程影响分析的仿真需求。

对于储能电站机电暂态建模，有的研究建立了计及储能响应时延、容量限制及无功限制等特性的通用储能模型。有学者根据储能充放电特性受充放电次数的影响的特点，建立了考虑储能充放电功率及次数的机电暂态模型；有的根据储能荷电状态对潮流改善效果的影响，建立了体现储能稳态调节作用的稳态潮流模型；有的则根据储能充放电最大功率可以在短时间内高于额定值的特点，提出了考虑储能倍率特性的机电暂态模型。

对储能电站并网结构进行了适当简化，通过研究机电暂态模型中调节参数对储能支撑作用大小的影响，考虑自适应附加功率控制的集中式储能电站机电暂态模型，储能电站并网结构如图 5-4 所示，储能电站经过双向 DC/DC 升压、DC/AC 逆变、LCL 滤波后经过升压变压器并网。

图 5-4　储能电站并网结构

5.2.2.1　PCS 系统（储能变流器建模）

储能的 PCS 系统的机电暂态模型中可以忽略功率参考值控制电流从而控制功率的具体实现方式，将输出功率和功率参考值用式（5-4）进行描述，即将 PCS 系统简化为一阶惯性环节

$$
\begin{cases}
\dot{P} = \dfrac{P}{T_{\text{BESS}}} + \dfrac{P_{\text{ref}}}{T_{\text{BESS}}} \\[3mm]
\dot{Q} = \dfrac{Q}{T_{\text{BESS}}} + \dfrac{Q_{\text{ref}}}{T_{\text{BESS}}}
\end{cases}
\tag{5-4}
$$

5.2.2.2　附加功率控制环节

储能的 PCS 系统所输入的功率参考值一般取决于储能的配置场景。储能对于系统的暂态稳定性的影响主要体现在储能在短时间内快速发出或吸收功率，其中有功功率影响系统频率，无功功率影响母线电压。因此可以在系统中检测系统频率和母线电压的偏差，分别根据频率和电压的偏差信号给定功率指令。已有文献中大多采用 PI 控制环节，本书考虑实际系统发生故障时，储能作为

辅助调节资源，其配置的容量不足以提供全部的有功和无功差额，故按照经典的有功–频率以及无功–电压下垂控制的方式，按照式（5-5）生成有功和无功的控制指令，即

$$\begin{cases} P_{\text{ref}} = K_{\text{P}} \left(\omega_0 - \omega \right) \\ Q_{\text{ref}} = K_{\text{q}} \left(u_0 - u \right) \end{cases} \tag{5-5}$$

5.2.2.3 储能本体机电暂态建模（功率限制部分）

储能本体的建模在机电暂态模型中体现为对 PCS 系统输出有功和无功功率限制环节，合理设置相关限幅可以达到模拟储能实际出力的效果。

储能有功输出和无功输出限幅环节：储能在充放电过程中吸收和放出的有功功率和无功功率均由逆变器发出，受储能容量和逆变器剩余容量的共同限制，分为有功优先方案和无功优先方案。

储能在参与系统调峰等稳态调节以及参与系统暂态频率调节下，主要发出或吸收有功功率。因此提出有功优先处理限幅方案，通过储能总容量限制储能有功输出，利用逆变器剩余容量传送无功，具体限幅方式为

$$\begin{cases} -S_{\max} \leqslant P_{\text{BESS}} \leqslant S_{\max} \\ -\sqrt{S_{\max}^2 - P_{\text{BESS}}^2} \leqslant Q_{\text{BESS}} \leqslant \sqrt{S_{\max}^2 - P_{\text{BESS}}^2} \end{cases} \tag{5-6}$$

在系统发生故障期间，系统中母线电压会发生大幅跌落，此时储能需要对系统提供紧急无功支撑。有功输出优先的限幅方案中，无功输出受有功输出限制，难以满足紧急无功支撑的作用，因此提出无功输出优先的限幅方案，储能在此主要发挥电压调节作用，主要发出或吸收无功功率，通过储能总容量限制储能无功输出，利用逆变器剩余容量传送有功功率，具体限幅方式为

$$\begin{cases} -S_{\max} \leqslant Q_{\text{BESS}} \leqslant S_{\max} \\ -\sqrt{S_{\max}^2 - Q_{\text{BESS}}^2} \leqslant P_{\text{BESS}} \leqslant \sqrt{S_{\max}^2 - Q_{\text{BESS}}^2} \end{cases} \tag{5-7}$$

储能荷电状态（SoC）限制有功输出：荷电状态用来表征储能目前存储的电量占满电状态的百分比。储能的 SoC 计算式为

$$SoC = SoCo - \frac{\int_{t_0}^{t_1} P_{\text{BESS}} \text{d}t}{3600 S_{\text{BESS}}} \tag{5-8}$$

目前市场上的储能电池往往会配置充放电保护功能，在储能充电时，SoC 不断上升，当其上升到保护门槛值 SoC_{max} 时，储能停止充电；当储能放电时，SoC 不断下降，当其下降至保护门槛值 SoC_{min} 时，储能停止放电。

根据储能场站电气拓扑图可以搭建储能电站的详细模型，图 5-5 为某储能电站详细模型。

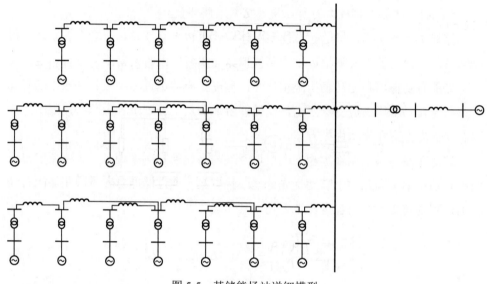

图 5-5　某储能场站详细模型

该储能场站的单机等值模型如图 5-6 所示。

图 5-6　储能场站单机等值模型

5.3　储能多机等值模型

针对储能电站采用单机等值误差较大的情况，需要从变流器在不同运行工况下表现出的暂态响应特性规律出发，获取合理的分群指标，以变流器为核心进行分群聚类，使得同群的储能单元具有相似的动态响应特性，而不同群之间储能单元的动态特性相差较大，最后求取每个群组的等值参数，将同个群里的各储能单元等效为一个单元，构建多机等值模型。图 5-7 为储能电站多机等值流程。

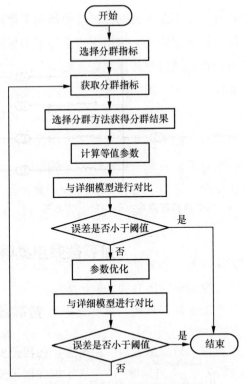

图 5-7　储能电站多机等值流程

5.3.1　分群指标

从变流器的诸多变量中提炼最为关键的分群指标，是对储能电站进行分群等值的关键。分群指标需要能够表征机组运行工况，故障扰动以及网络拓扑结构等信息。目前，有以下几类较为合理的分群指标。

5.3.1.1　基于控制参数的特征距离

以储能电站变流器为核心，计算所有储能单元两两之间的特征距离，并以此为指标对储能电站进行分群是最常用的储能电站分群方法。在同一控制模式下，变流器的控制参数会对储能电站的动态响应特性产生重要的影响，控制参数的差异可以直接反应其动态特性的差异，因此可以采用两两变流器控制参数向量之间的距离作为特征距离。为了体现不同控制参数对系统动态响应的影响程度，可以将变流器控制参数乘以系统当前运行状态下各参数的灵敏度系数得到的向量作为分群指标，特征距离即为各指标之间的向量距离。通过计算两两变流器之间的动态参数距离作为聚合指标用于多变流器的分群，而且为了提高储能电站等值模型的精确性和对复杂实际工况的适应性，将用于变流器聚类指标计算的参数灵敏度和详细模型下的参考响应曲线通过离线计算建立数据库，在线根据实时信息匹配获取。为了提高等值精度，基于不同的扰动工况可以分别建立不同的等值方案，针对 PI 控制策略的小扰动工况，同样采用上述分群指标；而针对采用低电压控制策略的大扰动工况，则选择了把不同变流器暂态电压跌落的不同程度与各变流器动态轨迹整体相似度相结合的综合距离指标作为分群指标。另外，在计算储能变流器分群的特征距离指标时，除了计及逆变器 PI 控制器的控制参数外，还计入了储能变流器的滤波电感系数，使变流器的动态响应特性得到更充分的体现。

5.3.1.2 外特性

以储能变流器的输出外特性为分群指标对储能电站进行分群，是更为直接的一种分群方法。外特性一般包括输出有功、输出无功、输出电压和输出电流。有功和无功功率是电压和电流的综合体现，在反应变流器暂态响应特性的指标中更具有代表性，因此更多地采用有功和无功功率作为储能电站的分群指标。又考虑到并网点的无功功率不仅可以由储能变流器自身发出的无功功率来调节，还可以由无功补偿设备来调度，所以相比无功功率，有功功率更加合适作为特征量来分析并网点处的暂态响应特性。为了防止故障切除时刻有功突变对电网造成冲击，可以考虑在故障切除后加入有功斜坡恢复控制。针对考虑变流器有功斜坡恢复的控制策略，实时测量各发电单元的有功出力情况，初步划分为大功率工况、中功率工况和小功率工况 3 个群，并通过分群修正获得最终结果，验证等值模型对故障时间、故障位置都具有良好的适应性。但在逆变器控制参数不一致时，输出外特性不一定能准确体现储能单元的暂态响应特性，等值精度会有较大偏差。如何找到能准确复现储能变流器暂态响应特性的分群指标，是目前储能电站等值研究的重点。

5.3.1.3 标志性的分界点

运用输出特性或者控制参数对储能单元进行分群，需要用到聚类算法对数据指标进行处理，对处于各群边缘的特征量具有一定的误差，等值精度不高，因此寻找模型精度更高的分群手段，利用标志性的分界点进行机群划分，也是等值建模研究的一个分支。可以考虑在储能单元中加入 DC-Chopper 保护或者仅带绝缘栅双极型晶体管（insulated gate bipolar transistor，IGBT）开关的卸荷电阻，依据直流侧母线电压变化导致的不同动作将储能电站分为 3 个群：故障期间卸荷电阻导通；故障期间直流母线电压升高但故障切除时仍未达到卸荷电路动作阈值；故障期间直流母线电压在正常值附近小幅波动。这种利用保护电路或者卸荷电阻的投切状态来分群，具有标志性的分界点，分群结果准确，省去了对聚类算法的依赖，并值得进一步研究。

也可以根据短路初次迭代计算所得的电压及机组有功功率，实现分群等值建模，并根据等值模型得到短路电流计算结果，以减少短路迭代计算过程中的网络节点数，达到提高短路电流计算效率与精度的目的。

短路电流计算方法首先忽略储能，初始化节点电压，其次考虑注入电流进行短路计算并将所得计算结果进行叠加，多次迭代后完成短路计算，短路初次迭代计算得到的电压，为所提等值方法提供了分群依据。

首先不考虑初始化各节点电压，即

$$U_i^{(0)} = U_0 \qquad (5\text{-}9)$$

式中：U_i 为节点 i 的电压，U_0 为电压初始值。

考虑注入电流，即

$$\begin{bmatrix} \Delta U_1^{(i)} \\ \dots \\ \Delta U_1^{(i)} \end{bmatrix} = Y \begin{bmatrix} I_1^{(i-1)} \\ \dots \\ I_1^{(i-1)} \end{bmatrix} \qquad (5\text{-}10)$$

式中：Y 为场站的节点导纳矩阵；ΔU_i 为考虑注入电流的各节点电压修正量；I_i 为注入网络的故障电流，根据式（5-9）与式（5-10）给出。

叠加后可以得到初次迭代后的各节点电压，即

$$\begin{bmatrix} U_1^{(1)} \\ \dots \\ U_n^{(n)} \end{bmatrix} = \begin{bmatrix} U_1^{(0)} \\ \dots \\ U_n^{(0)} \end{bmatrix} + \begin{bmatrix} \Delta U_1^{(0)} \\ \dots \\ \Delta U_n^{(0)} \end{bmatrix} \qquad (5\text{-}11)$$

由此可以得到短路初次迭代计算后的机端电压，机组的输入风速可以通过运行状态获得，据此建立算法所需的分群指标矩阵。

5.3.2　聚类算法

聚类算法是数学上一种对研究对象进行分类合统计的方法，通过将大量数据分成若干个类别，使同一类别的数据最大程度地相似，并尽量使不同类别的数据保持最大程度的不同。通过分析储能电站的参数特性，可以得知每一个储能单元

在运行时各个储能参数会随着时间发生变动。这些参数又决定了储能系统的运行状态。例如，当 SOC 达到上限或下限时储能单元将无法充电或放电，当某一个储能单元电池容量特别大时，在储能系统运行的过程中该储能单元 SOC 变化会极为缓慢，影响对同时工作的其他储能单元充放电控制等等。储能系统状态参数实际上可以看作一个多维属性的样本集合，将每一个储能单元看做成一个样本，即可通过聚类算法实现储能系统的划分聚类。

5.3.2.1 聚类算法在储能系统仿真中的应用方法研究

聚类算法是一种数学算法的一个类别，实际上常见的有 k-means、模糊聚类 FCM、层次聚类、基于神经网络的聚类算法等多种方法。储能系统在被划分多个储能单元时，不同储能单元的运行状态变量通过聚类算法进行等值聚类，最后将运行状态相近的储能单元进行参数整合，合并为一个储能子系统，即可实现对储能系统的等值目的。

5.3.2.2 聚类算法简介

聚类算法的各种方法计算方式和侧重点各不相同。k-means 聚类算法更侧重于划分方法，通过生成 k 个聚类中心将数据聚合为一个簇。层次聚类并不预先确定生成聚类中心的数量，通过计算每个对象的距离，将距离最小的对象合并为一类，是层层递进聚类过程。模糊聚类主要通过建立模糊相似矩阵，经过迭代直至使目标函数收敛为极小值的方法。

这些聚类算法中，由于 k-means 算法具有较好的响应速度，生成的结果准确度较高，因此具有很高的计算效率。储能系统由于需要实时对其内部储能单元进行控制，对计算速度有着一定的要求。

5.3.2.3 样本数据的处理

应用聚类算法时首先要对数据进行标准化处理。对于一个含有 n 各对象的数据集合，各个对象均包含 m 种属性，则可以通过矩阵来表示这一数据集合。在矩阵中每一行代表同一个属性的各个对象的值，每一列代表同一个对象的各种属性值。采用矩阵表示的数据集合如式（5-12）所示。

通常，聚类算法应用的矩阵是对数据集合矩阵经过变换后形成的差异矩阵，这一过程就是对数据的预处理过程。形成差异矩阵的方法是对数据进行差异计算，对于不同的数据类型有不同的计算方法，常见的数据类型有间隔数值型、布尔型、符号变量型、顺序变量型等等。本文所使用的的数据类型均为间隔数值型，所谓的间隔数值型一般均为可以测量的有量纲的数据类型，在数据初始化过程中可根据不同类型数据的重要程度选择合适的度量单位，或直接增加权重系数，以减小不同度量单位数据的差异。将式（5-12）变换后的差异矩阵如式（5-13）所示。

$$S = \begin{bmatrix} x_{11} & \cdots & x_{1j} & \cdots & x_{1m} \\ \cdots & \cdots & \cdots & \cdots & \cdots \\ x_{i1} & \cdots & x_{ij} & \cdots & x_{im} \\ \cdots & \cdots & \cdots & \cdots & \cdots \\ x_{n1} & \cdots & x_{nj} & \cdots & x_{nm} \end{bmatrix} \tag{5-12}$$

式中：x_{ij} 为第 i 个样本的第 j 个属性数据，$i=1,2,3,\cdots,n$，$j=1,2,3,\cdots,m$；S 为数据集合；n 为第 n 个对象；m 为第 m 个属性。

$$S = \begin{bmatrix} 0 & & & & \\ s(2,1) & 0 & & & \\ s(3,1) & s(3,2) & 0 & & \\ \cdots & \cdots & \cdots & 0 & \\ s(n,1) & s(n,2) & \cdots & s(n,n-1) & 0 \end{bmatrix} \tag{5-13}$$

式中：$s(i,j)$ 为括号中两个对象的数据差异，$i=1,2,3,\cdots,n$；s 为数据集合；n 为第 n 个对象。

5.3.2.4 k-means 聚类算法的计算过程

k-means 聚类算法是最早于 1967 年提出的实时聚类算法，作为一种典型的划分聚类方法，广泛应用于多种领域。对于一个含有 n 个研究对象的集合，首先需要确定划分成 k 个聚类个数，然后随机生成 k 个聚类中心，通过计算每个对象与聚类中心的距离来划分各个对象从属于哪个聚类簇，再经过一定数量的迭代之后，确定各个对象的分组。同一个分组的对象数据基本是十分接近的，而不同分组之间有着一定的差异。

应用 k-means 聚类算法首先需要对样本数据进行数据标准化处理，常见的处理方式有以下几种：总和标准化，将某属性的样本数据与同一属性所有样本数据之和相除，如式（5-14）所示；标准差标准化，即对某属性的样本数据与同一属性其他样本数据平均值之差与所有样本数据的标准差相除，如式（5-15）所示；最大值标准化，将某属性的样本数据与所有该属性样本数据中最大值相除，如式（5-16）所示。

$$x'_{ij} = \frac{x_{ij}}{\sum\limits_{i=1}^{n} x_{ij}}$$

（5-14）

式中：x'_{ij} 为对样本数据标总和标准化后结果，$i=1,2,3,\cdots,n$，$j=1,2,3,\cdots$，m；x_{ij} 为第 i 个样本的第 j 个属性数据，$i=1,2,3,\cdots,n$，$j=1,2,3,\cdots,m$。

$$x'_{ij} = \frac{x_{ij} - \overline{x}_j}{\sqrt{\sum\limits_{i=1}^{n}\left(x_{ij} - \overline{x}_j\right)^2}}$$

（5-15）

式中：x'_{ij} 为对样本数据标准差标准化后结果，$i=1,2,3,\cdots,n$，$j=1,2,3,\cdots,m$；x_{ij} 为第 i 个样本的第 j 个属性数据，$i=1,2,3,\cdots,n$，$j=1,2,3,\cdots,m$；x_j 为第 j 个属性的所有样本平均值。

$$x'_{ij} = \frac{x_{ij}}{\max\left\{x_{ij}\right\}}$$

（5-16）

式中：x'_{ij} 为对样本数据标最大值标准化后结果，$i=1,2,3,\cdots,n$，$j=1,2,3,\cdots,m$；x_{ij} 为第 i 个样本的第 j 个属性数据，$i=1,2,3,\cdots,n$，$j=1,2,3,\cdots,m$。

经过数据标准化处理后，还需构成差异矩阵才能进行聚类计算。样本数据之间的差异可以通过样本间的距离来进行表示。样本数据之间距离的计算可采用闵可夫距离来进行表示，常见的表示方法有以下几种：绝对值距离，将两个样本每种属性的数据对应做差后的绝对值求和，如式（5-17）所示；欧式距离，将两个样本每种属性的数据对应做差后的平方求和再开方，如式（5-18）所示；切比雪夫距离，在两个样本每种属性的数据对应做差后的绝对值中取最大值，如式（5-19）所示。

$$S_{ij} = \sum_{k=1}^{m}\left|x_{ik} - x_{jk}\right|$$

（5-17）

$$S_{ij} = \sqrt{\sum_{k=1}^{m}\left(x_{ik} - x_{jk}\right)^2}$$

（5-18）

$$S_{ij} = \max_{1<k<m}\left\{\left|x_{ik} - x_{jk}\right|\right\}$$

（5-19）

式中：s_{ij} 为两个样本的距离；x_{ik} 为第 i 个样本的第 k 个属性数据，$k=1,2,3,\cdots,m$；x_{jk}

为第 j 个样本的第 k 个属性数据，$k=1,2,3,\cdots,m$。

得到差异矩阵后，即可根据 k-means 聚类算法对样本数据进行迭代，最终将所有样本数据划分为 k 个聚类簇。采用此算法实际上有一点不足，就是需要预先给定将数据样本分成的聚类个数 k，当得到的聚类结果不能很好地体现数据特点时，需要重新设定 k 的数值，直至获得满意的结果。

5.3.2.5 储能系统状态变量的建立

将储能电站划分为 n 个储能单元，在一个储能单元中可以将某时刻的电池组 SOC，储能单元有功功率等作为该储能单元状态变量。此外，在考虑控制方式的前提下储能单元内还包括控制参数。

电池储能电站在与新能源配合发电时，储能系统需要通过实时监测汇流母线处充放电功率，以实现辅助光伏或风电调整功率波动，跟踪发电计划等作用。此时，需要储能控制系统根据现场数据实时计算当前时刻应发出或吸收的有功无功功率参考值。而由于储能系统内部由多个储能单元组成（见图 5-8），各储能单元需要根据各自的运行状态，对储能系统整体的功率参考值进行分配。

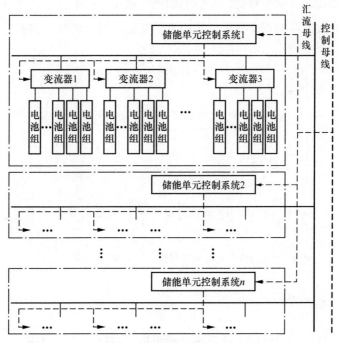

图 5-8　储能系统内部结构

储能单元的电池组 SOC 状态变化决定着各个储能单元的充放电功率的大小。对于控制系统来讲，为了使各储能单元 SOC 尽量趋于平均分布，储能系统功率控制参数以各单元电池组 SOC 作为权重系数将充放电功率参考值进行分配。各储能单元充电与放电功率分别按式（5-20）与式（5-21）进行分配，即

$$P_i^{\mathrm{ref}}\left(t\right)=\frac{P^{\mathrm{ref}}\left(t\right)\times SOC_i\left(t-1\right)}{\sum\limits_{i=1}^{m}SOC_i\left(t-1\right)} \tag{5-20}$$

$$P_i^{\mathrm{ref}}\left(t\right)=\frac{P^{\mathrm{ref}}\left(t\right)\times\left[1-SOC_i\left(t-1\right)\right]}{\sum\limits_{i=1}^{m}\left[1-SOC_i\left(t-1\right)\right]} \tag{5-21}$$

式中：P^{ref} 为储能系统整体充放电功率参考值；P_i^{ref} 为第 i 个储能单元充放电功率参考值，i=1,2,3,$\cdots$,n；SOC_i 为第 i 个储能单元电池组荷电状态，i=1,2,3,$\cdots$,n。

同时，在确定各储能单元充放电功率参考值的基础上，还需得到当前时刻储能单元实际的充放电功率，储能单元实际充放电功率可通过变流器交流侧三相电压与三相电流通过计算来获得。实际的储能系统中，控制作用是通过将测得的交流侧电压电流数据经帕克变换而得到的直轴交轴分量来进行控制的，即

$$\begin{cases} i_d=\dfrac{2}{3}\left[i_a\cos\theta+i_b\cos\left(\theta-\dfrac{2\pi}{3}\right)+i_c\cos\left(\theta+\dfrac{2\pi}{3}\right)\right] \\[4mm] i_q=\dfrac{2}{3}\left[i_a\sin\theta+i_b\sin\left(\theta-\dfrac{2\pi}{3}\right)+i_c\sin\left(\theta+\dfrac{2\pi}{3}\right)\right] \\[4mm] i_0=\dfrac{1}{3}\left(i_a+i_b+i_c\right) \end{cases} \tag{5-22}$$

$$\begin{cases} u_d=\dfrac{2}{3}\left[u_a\cos\theta+u_b\cos\left(\theta-\dfrac{2\pi}{3}\right)+u_c\cos\left(\theta+\dfrac{2\pi}{3}\right)\right] \\[4mm] u_q=\dfrac{2}{3}\left[u_a\sin\theta+u_b\sin\left(\theta-\dfrac{2\pi}{3}\right)+u_a\sin\left(\theta+\dfrac{2\pi}{3}\right)\right] \\[4mm] u_0=\dfrac{1}{3}\left(u_a+u_b+u_c\right) \end{cases} \tag{5-23}$$

式中：i_{abc} 为三相电流测量值；u_{abc} 为三相电压测量值；i_{dq0} 为变换后电流；u_{dq0} 为变换后电压。

在三相对称的前提下，i_0 和 u_0 为 0，这样三相电流电压就转化为方便通过控制系统进行控制的两相电流电压。由于控制方式一般主要包含 PQ 控制、VF 控制、下垂控制等方式，无论哪种控制方式均以有功功率和无功功率作为控制变量或中间变量，而有功无功功率与 i_d、u_d、i_q、u_q 关系可以表示为

$$\begin{cases} P = u_d \times i_d + u_q \times i_q \\ Q = u_d \times i_q - u_q \times i_d \end{cases} \tag{5-24}$$

式中：P 为储能单元发出的有功功率；Q 为储能单元发出的无功功率；i_{dq} 为变换后电流；u_{dq} 为变换后电压。

变流器输出的交流电压可以认为是固定值，仅与电池组电压及变流器内部电力电子元件相关，所以只需通过控制变流器充放电流即可控制储能单元的有功无功功率功率。控制方法可采用交叉耦合的电流内环控制。

储能单元 SOC_i 在进行单元充放电及功率分配时有着重要的参考意义。在储能系统的控制作用中，作为中间变量或控制变量的储能单元有功功率参考值，是影响储能单元充放电功率的主要参数。由式（5-24）可见，储能单元的控制是利用将测得的电流电压进行变换后的变量 u_d、i_d、u_q、i_q 来实现的，储能单元通过对这四个变量的控制来实现单元的有功无功控制。综合来看，对于一个储能单元，可以以 SOC_i、P_i^{ref}、u_d、i_d、u_q、i_q 这六个参数作为储能单元的状态参数。

5.3.3　多机等值举例

储能电站电磁暂态等值不仅要求稳态和故障时等值模型与详细模型输出的功率一致，还要求等值前后具有一致的电压、电流波形信息。电磁暂态过程持续时间短，关注的是影响继电保护动作时间窗内秒级的故障电气量。

有文献指出，机组的故障电流不仅与故障电压跌落水平有关，还与故障前的工作状态及本身的参数有着紧密的联系，同属于一个大型储能电站的电机的工作状态也可能存在巨大差异，以具有相似故障电磁暂态信息作为分群原则，对各机群进行参数聚合得到对应的等值机组，最终建立多机等值的模型。

5.3.3.1　等值电机阻抗参数

假设所有机组采用 T 型等效电路，将 n 台机组的 T 型等效电路并联，以此来求得等效模型的参数，等效电路见图 5-9。

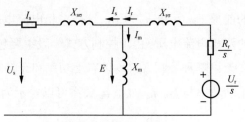

图 5-9　T 型等效电路

$$\begin{cases} \dfrac{1}{R_{se} + jX_{se}} = \sum_{i=1}^{m} \dfrac{\rho_i}{R_{si} + jX_{si}} \\[3mm] \dfrac{1}{R_{re}/S_e + jX_{re}} = \sum_{i=1}^{m} \dfrac{\rho_i}{R_{ri}/S_i + jX_{ri}} \\[3mm] \dfrac{1}{X_{me}} = \sum_{i=1}^{n} \dfrac{\rho_i}{X_{mi}} \end{cases} \quad (5\text{-}25)$$

式中：X_{se}、X_{re}、R_{se}、R_{re}、X_{me} 分别为以额定容量 S_e 为基值的定 / 转子电抗、电阻，以及等效互抗的标幺值；X_{si}、X_{ri}、R_{si}、R_{ri}、X_{mi} 分别为第 i 台电机以各自额定容量 S_i 为基值的定 / 转子电抗、电阻，以及等效互抗的标幺值；s_i、s_e 为第 i 台电机以及等值机的相对滑差。

机组的相关聚合阻抗参数为

$$\begin{cases} X_{se} = \dfrac{b_s}{a_s^2 + b_s^2}, \quad R_{se} = \dfrac{a_s}{a_s^2 + b_s^2} \\[3mm] X_{re} = \dfrac{b_r}{a_r^2 + b_r^2}, \quad R_{re} = \dfrac{a_r}{a_r^2 + b_r^2} \\[3mm] a_s = \sum_{i=1}^{n} \dfrac{\rho_i R_{si}}{R_{si}^2 + X_{si}^2}, \quad b_s = \sum_{i=1}^{n} \dfrac{\rho_i X_{si}}{R_{si}^2 + X_{si}^2} \\[3mm] a_r = \sum_{i=1}^{n} \dfrac{\rho_i R_{ri}}{R_{ri}^2 + X_{ri}^2}, \quad b_r = \sum_{i=1}^{n} \dfrac{\rho_i X_{ri}}{R_{ri}^2 + X_{ri}^2} \end{cases} \quad (5\text{-}26)$$

等效互抗可表示为

$$X_{me} = 1 / \sum_{i=1}^{m} \dfrac{\rho_i}{X_{mi}} \quad (5\text{-}27)$$

特别地，当 n 台机组型号一致时，等值前后阻抗参数以各自容量为基值的标幺值不变。

156

5.3.3.2 变流器及其控制环节参数

转子侧变流器与网侧变流器组成的 PWM 整流器组进行交流励磁。其控制环节如图 5-10 和图 5-11 所示,图中 e 为电网电压,ω_1 为同步旋转角速度,L 为网侧变流器与电网间的电感值。转子侧变流器采用定子磁场定向控制,功率外环的有功功率参考 P_{sref} 由最优功率追踪模块给定,无功功率参考 Q_{sref} 用以满足机组并网功率因数标准,两者与实际测量功率的偏差经速度较慢的 PI 控制器调节,得到转子电流参考 i_{rd}^* 和 i_{rq}^*;内环电流参考与实际测量电流 i_{rd} 和 i_{rq} 的偏差经快速 PI 控制器调节后得到转子侧变流器 SPWM 的参考信号。电网侧变流器采用电网电压定向实现双通道双闭环控制,功率外环的有功通道用以稳定直流母线电压,参考值为 u_{cap}^*,无功参考 Q_r^* 用以维持机组功率因数,两者与实际测量值的偏差经 PI 控制器调节,得到网侧变流器电流参考 i_d^* 和 i_q^*;内环电流参考与实际测量电流 i_d 和 i_q 的偏差经 PI 控制器调节后得到电网侧变流器 SPWM 的参考信号。

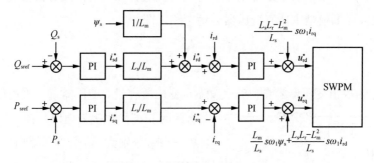

图 5-10 机侧变流器控制框图

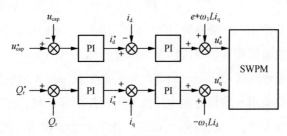

图 5-11 网侧变流器控制框图

等值前后模型中的控制模块均采用标幺值系统,详细模型中以 S_i 为基值,等值机中以 S_e 为基值。控制环节中的 PI 控制器参数按照基于容量加权参数聚合的思想,计算式为

$$C_e = \left(\sum_{i=1}^{n} S_i C_i \right) \bigg/ \left(\sum_{i=1}^{n} C_i \right) = \sum_{i=1}^{n} \rho_i C_i \qquad (5\text{-}28)$$

其中，C 可以指代 PI 控制器中比例积分环节各参数。变流器中开关管的阻抗值及平波电抗的阻值均可仿照式（5-25）和式（5-26）进行处理。转子侧保护电路在外部短路故障后 2～5ms 内投入，直到故障消失后才会退出，该时段电气量信息数据窗是影响电力系统继电保护装置动作行为的主要因素。而这段时间内转子侧变流器被闭锁，稳态的功率解耦控制规律失去控制效果；同时由于该时段内转子侧变流器闭锁使其没有功率流动，交流励磁变流器组有功功率实时平衡的控制规律使得网侧变流器没有有功功率输出，在目前主流的单位功率因数控制策略下，网侧变流器输出的电流几乎为零。因此变流器及其功率解耦控制环节的参数对于电磁暂态过程中电压、电流的波形并无太大影响。

5.3.3.3 变压器参数

变压器中待聚合的参数包括容量以及阻抗值。按照前面的等值思想，等值变压器容量取详细模型中所有变压器容量之和，即

$$S_{\mathrm{Te}} = \sum_{i=1}^{n} S_{\mathrm{T}i} \qquad (5\text{-}29)$$

式中：S_{Te} 为等值变压器容量；$S_{\mathrm{T}i}$ 为第 i 台变压器容量。变压器统一采用如图 5-12

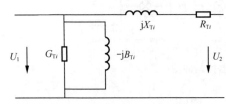

图 5-12　变压器 Γ 型简化等效电路图

所示的 Γ 型简化等效电路。图中 $G_{\mathrm{T}i}$、$B_{\mathrm{T}i}$、$X_{\mathrm{T}i}$ 和 $R_{\mathrm{T}i}$ 分别为第 i 台变压器电导、电纳、高低压绕组的总电抗和高低压绕组的总电阻，均为以自身容量为基值的标幺值。

特别地，当 n 台变压器的型号一致时，等值前后变压器的阻抗参数以各自容量为基值的标幺值不变。

综合考虑储能电站运行工况，储能电站机电多机等值模型包括多个部分，其中，厂站级控制模型用于模拟储能电站的并网调控功能，包含有功功率控制、无功功率控制、惯量支撑、一次调频、AGC 二次调频功能模型；图 5-13 中，P_{branch} 为联络线功率，P_{set}、Q_{set} 为厂站指令值，U_{tset} 为交流电压指令值；U_{t} 为交流电压，f 为系统频率，U_{dc}、I_{dc} 为电池端电压和端电流。厂站级控制模型生成的功率控制指令 P_{ref}、Q_{ref} 经正常控制模型及故障穿越控制模型生成电流指令 I_{drefp}、I_{qrefp}；电流限制模型根据当前电池组 SOC 状态对电流指令 I_{drefp}、I_{qrefp} 进行限幅后，形成 $d\text{-}q$

轴下注入电流 I_{dref}、I_{qref}，最后由并网接口模型转换为 x-y 轴电流 I_x、I_y 注入交流电网。其中，电池组的长时间充放电过程及储能参与二次调频功能属于中长期动态过程（分钟级及以上），下面分别进行介绍。

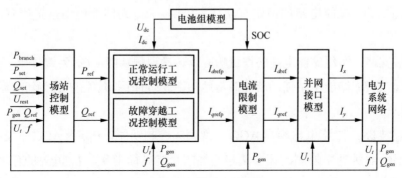

图 5-13　储能电站模型图

（1）电池组模型。并网运行的储能电站具有较大功率，电池组由数百个单体电池通过串并联的形式组成，一种典型的拓扑结构如图 5-14 所示。图中，N_{se} 表示电池组一条支路中单体电池的串联数目，N_{sh} 表示电池组中的并联支路数目。对于单体电池的模型，应用于并网动态仿真分析时，一般忽略电池内部的电化学反应过程，而只考虑电池的输出外特性。综合考虑计算效率、仿真精度与工程应用需求，选取 Rint 模型模拟单体电池的外特性。图 5-14 中虚线框内为单体电池模型，其中，E_b 为单体电池的内电势，接近静置电压；R_b 为电池的内电阻，与 SOC 有关。

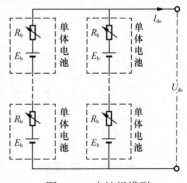

图 5-14　电池组模型

事实上，由于电池组直接（或者经 DC/DC 变换器）连接至变流器并网，只要电池组运行在正常运行区间，例如荷电状态满足 0.2<SOC<0.8，则能够保持变流器直流端电压 U_{dc} 基本不变，那么从电网角度来看，储能电站的功率外特性就主要由功率控制策略决定。

（2）正常工况功率控制模型。PCS 变流器因采用全控型电力电子器件而拥有快速、强大的可控性，其控制系统一般采用内外环实现 d-q 轴的解耦控制方式。该控制方式下，储能电站并网运行时呈现出电流源特性，能够同时独立控制有功功率和无功功率，从而使得换流器具有优异的并网调控性能。

159

1）有功功率控制模型。有功功率控制通过控制与电网交换的有功功率间接调节与有功相关的电气量。有功功率控制模型如图 5-15 所示，主要包括下列 4 类控制功能。

P_{ord} 支路：储能电站的恒定有功功率控制，P_{ord} 为储能电站给定的有功功率指令。

P_{frc} 支路：实现储能电站的惯量响应及一次调频功能，P_{frc} 为调频量。

P_{aux} 支路：储能电站辅助新能源基地功率波动的平抑功能，P_{aux} 为新能源的功率平抑量。

P_{agc} 支路：储能电站参与 AGC 二次调频控制功能，P_{agc} 为 AGC 下发指令。

上述 4 种功率控制的调节量相叠加的最终目标指令为储能电站的有功电流分量的指令值 I_{drefp}。其中，T_1、T_2 为时间常数，K_{pp}、K_{ip} 为比例积分时间常数。

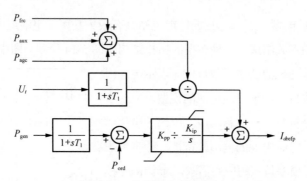

图 5-15　有功功率控制模型

2）无功类控制模型。无功类控制通过控制与电网交换的无功功率间接调节与无功相关的电气量。无功控制目标指令 Q_{wr} 计算如图 5-16 所示，其中，U、I 为控制点的电压与电流，Z_c 为阻抗，T_r 为测试时间常数，K_{vp}、K_{vi} 为比例积分时间常数，Q_{max}、Q_{min} 为无功出力的上下限，F_{perf} 为功率因数，T_{PE} 为惯性时间常数。

主要包括下述 2 类控制功能。定交流电压控制：控制标志 IPF=1 时，无功指令 Q_{ref} 由定交流电压支路控制，储能电站可以对电网交流电压提供一定的支撑。定功率因数控制：IPF=2 时，无功指令 Q_{ref} 由定功率因数支路控制，通过指定功率因数的大小实现储能电站对无功功率的控制。实际应用时为了响应有功功率的需求，一般采用定功率因数控制。

3）故障穿越工况控制模型。在电网电压异常情况下，储能电站设备可能面临过电压或者过电流问题，严重威胁设备的安全运行，正常工况的功率控制模型不再适用，此时故障穿越期间的功率控制策略起主导作用。

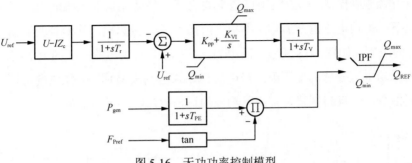

图 5-16　无功功率控制模型

在考虑设备安全性的前提下，为充分发挥储能电站在电网电压跌落期间的支撑能力，GB/T 36547《电化学储能系统接入电网技术规定》明确了 10（6）kV 及以上电压等级接入公用电网的电化学储能电站所需具备的高/低电压穿越要求。当储能处于不脱网连续运行区域时，电网电压及功率存在迫切的调控需求，灵活配置储能电站的功率特性，即可为电网提供重要的支撑作用。

机电暂态模型暂不考虑锁相环的动态，故障穿越期间，近似认为储能电站依然具备功率解耦控制功能。由于交流电压异常，变流器电流一旦过载就会限制实际的功率输出，需要考虑有功功率与无功功率的均衡问题。根据当前电网调控需求的不同，可以制定有针对性的功率响应策略。故障穿越期间电压问题较为严重，一般优先控制无功功率。无功功率控制的三个阶段的表达式为

$$
\begin{cases}
Q_{\text{ref}} = K_u \left(U_{\text{ac}} - U_{\text{ac0}} \right), & t_1 < t < t_2 \\
Q_{\text{ref}} = Q_0, & t = t_2 \\
Q_{\text{ref}} = f \left(Q_0, t \right), & t_2 < t < t_3
\end{cases}
\tag{5-30}
$$

采用分段函数的方式构建了故障穿越情况的储能电站功率控制策略的模拟方法。以某实际电站低电压穿越期间无功功率的典型控制策略为例进行阐述。图 5-17 为低穿期间的典型无功功率控制策略，故障穿越过程分为 3 个阶段。

穿越期间控制：$t_1 < t < t_2$ 期间，采用电压定无功的控制方式，U_{ac} 为当前机端电压，U_{ac0} 为初始机端电压参考值，K_u 为电压-无功比例系数。

穿越结束后功率恢复的初始值：$t = t_2$ 时，根据实际无功支撑需求，指定无功恢复的初始值 Q_0。

功率恢复过程：$t_2<t<t_3$ 期间为无功功率恢复到初始值的过程，可以按斜率、抛物线或者指数函数等形式模拟功率的恢复过程。

4）电流限制模型。电流限制模型主要用于模拟变流器的过流能力。充放电两种工况下，有功电流指令 I_{drefp}、无功电流指令 I_{qrefp} 及总电流均受到变流器最大电流 I_{max} 的限制，如图 5-18 所示，图中 I_{dmax}、I_{dmin} 为有功电流分量的上下限；I_{qmax}、I_{qmin} 为无功电流分量的上下限。当电流指令未达到限幅时，储能电站可以正常响应电流指令，一旦超越限幅，实际响应的输出电流将小于电流指令。

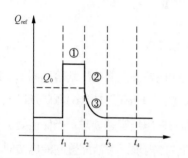

图 5-17　储能电站典型低电压穿越特性

①—穿越期间控制；②—穿越结束后功率
恢复的初始值；③—功率恢复过程

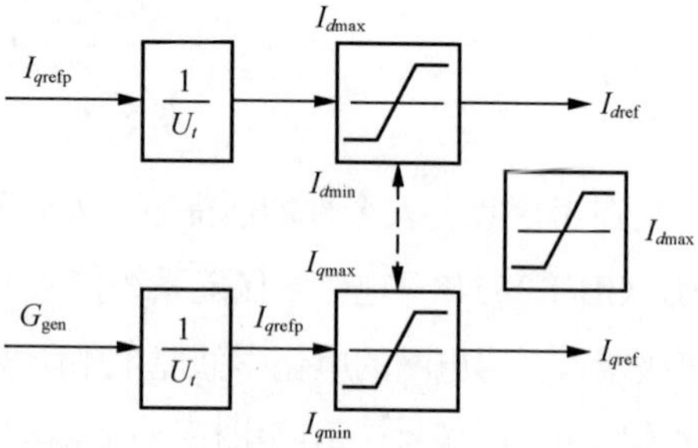

图 5-18　电流限制模型

5）惯量支撑及一次调频模型。为增强新型电力系统中系统频率的支撑能力，美国西部电力协调委员会提出了储能电站参与电网惯量支撑及一次调频的 INERTIA 功能。模型结构如图 5-19 所示，其中，FLAG_F 支路生效时，可以模拟储能电站参与电网一次调频功能；FLAG_W 支路生效时，可以模拟储能电站惯量支撑功能。2 条支路可以自主选择是否投运。该模型监测系统频率 f 作为输入，输出 P_{frc} 为储能电站的调频响应量，连接至图 5-19 中 P_{frc} 支路作为功率叠加控制指令。图 5-19 中其他变量定义如下：T_{pe} 为测量时间常数，D_{PDFUP}、D_{PDFDN} 为一次调频系数，D_{pmax}、D_{pmin} 为调频量上下限；d_{bwi} 为惯量调节死区，T_{pwi} 为惯性时间常数，K_{wi}、T_{wowi} 为时间常数，P_{mxwi}、P_{mnwi} 为惯量支撑量的上下限。

6）储能参与 AGC 二次调频模型。储能电站通过嵌入自动发电控制（automatic generation control，AGC）系统，可以参与系统的二次调频过程。其与常规调频机组的差异在于：常规机组的响应时间较慢，需要一定的时间才能完全响应 AGC 系统下发的调频指令；而储能电站可以实现毫秒级响应特性，在 AGC 指令下发后，储能电站能够快速完成该指令的响应，提升实际有功出力。储能电站作为调频机组参与 AGC 控制的框图如图 5-20 所示，分为主站、电厂及储能电站 3 个层级。储能电站作为第三级执行层，接受电厂侧下发的调节量指令，经过检验后最终形成储能电站的功率调节指令。

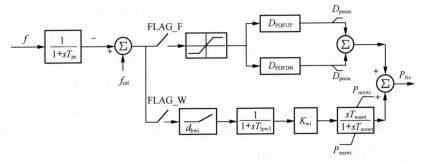

图 5-19　惯量支撑及一次调频模型

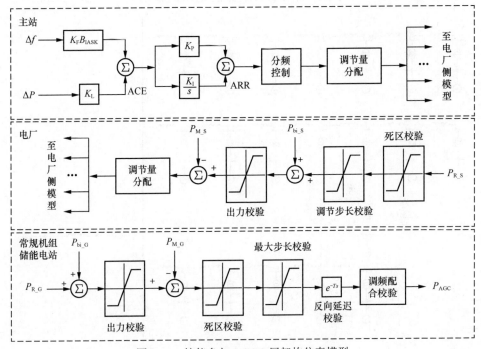

图 5-20　储能参与 AGC 3 层架构仿真模型

分频控制：主站层级"分频控制"模块通过傅里叶变换对区域调节需求（area regulation requirement，ARR）进行分频，获得快变分量 A_{ARfs} 与慢变分量 A_{ARns}，并分别下发至储能电站与常规机组。图 5-21 展示了分频控制的一种典型实现方式，主要由隔直环节和低通滤波器组成。

163

反向延迟：储能响应调节指令的耗时极短，为保障运行的安全性，降低无效损

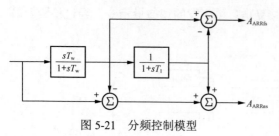

耗，需要考虑反向延迟控制。储能电站在响应了控制命令后，须经过一个时间延时，才能继续响应反向控制命令。但在紧急情况下，可以忽略该要求。

图 5-21　分频控制模型

调频配合：储能参与调频需要考虑一次调频与二次调频配合关系，虽然实现方式众多，但配合关系可归纳为 4 种：一次调频信号与二次调频信号直接叠加；一次调频信号优先；二次调频信号优先；一次调频信号与二次调频信号同向叠加，反向闭锁。

根据储能场站电气拓扑图可以搭建储能电站的详细模型（见图 5-22）。该

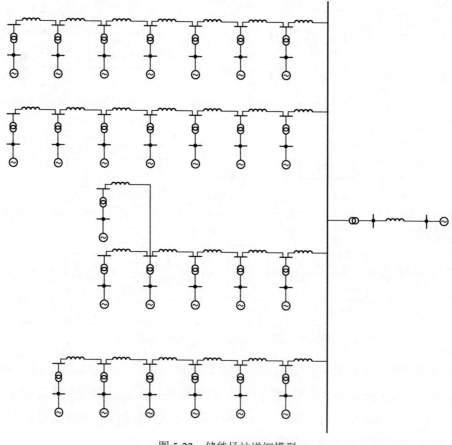

图 5-22　储能场站详细模型

164

储能场站的多机等值模型如图 5-23 所示。

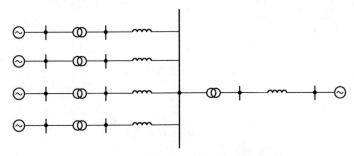

图 5-23　储能场站多机等值模型

5.4　变压器和集电线路等值

5.4.1　变压器等值

储能场站内各变压器的等值采用"以容量加权，阻抗串并联"的方式。等效后的参数包括等效变压器的额定容量 $S_{T_{eq}}$ 和阻抗 $Z_{T_{eq}}$。S_{Ti} 与 Z_T 分别为各变压器的额定容量和阻抗。等效变压器的额定容量及阻抗计算式为

$$\begin{cases} S_{T_{eq}} = \sum_{i=1}^{m} S_{Ti} \\ Z_{T_{eq}} = \dfrac{Z_T}{m} \end{cases} \tag{5-31}$$

5.4.2　集电线路等值

储能电站集电网络的动态影响，主要来源于储能电站内部集电网络拓扑结构和线路长度，以及变压器、负载等一部分电气设备。集电系统等值的核心是以阻抗损耗不变和并网点电压不变为原则来进行等值。新能源场站内部接线采用干线式与放射式的综合接线形式。集电参数聚合要求保证电缆线路功率损耗和电压损耗一致，针对两种接线形式经过组合叠加，最终得聚合集电线路参数。集电线路等值的过程如下。

将一条干线等值为单台机组，构成星形网络，见图 5-24。

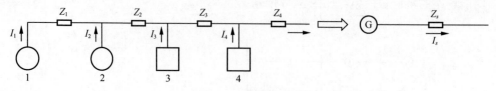

图 5-24　干式线路等值

$$Z_{sG} = \frac{S_{\text{loss}}}{\left(P_1 + P_2 + P_3 + P_4\right)^2} V^2 \qquad (5\text{-}32)$$

将星形网络等值为单台机组，见图 5-25。

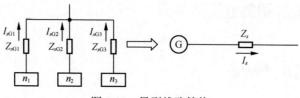

图 5-25　星型线路等值

$$\begin{cases} S_{\text{loss}-Z\,sG1} = \Delta V_{Z1} I^*_{sG1} = \dfrac{P_1}{V}\left(\dfrac{P_1}{V}\right)^* Z_{sG1} \\[3mm] S_{\text{loss}-Z\,sG2} = \Delta V_{Z2} I^*_{sG2} = \dfrac{P_2}{V}\left(\dfrac{P_2}{V}\right)^* Z_{sG2} \\[3mm] S_{\text{loss}-Z\,sG3} = \Delta V_{Z3} I^*_{sG3} = \dfrac{P_3}{V}\left(\dfrac{P_3}{V}\right)^* Z_{sG3} \end{cases} \qquad (5\text{-}33)$$

$$S_{\text{lass}-Z\,sp} = \Delta V_s I^*_s = \frac{\left(P_1 + P_2 + P_3 + P_4\right)^2}{V^2} Z_{sF} \qquad (5\text{-}34)$$

$$Z_{sF} = \frac{\displaystyle\sum_{i=1}^{m} P_i^2 Z_{sGi}}{\left(\displaystyle\sum_{i=1}^{m} P_i\right)^2} \qquad (5\text{-}35)$$

　　将新能源发电机组详细机组网络模型进行聚合，将多个新能源机组聚合为单一发电机组，接入等值双绕组变压器升压至 35kV，经等值电缆线路接入并网母线，如图 5-26 所示。

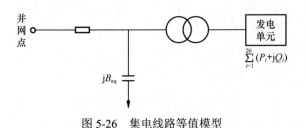

图 5-26　集电线路等值模型

依据新能源机型分群原则，采用等损耗法，计算出机群等值阻抗值如表 5-1 所示。

表 5-1　　　等值阻抗计算结果（基准容量 100MVA，基准电压 35kV）

某储能场站等值机群（544 台）	线路 Xeq（标幺值）	0.00971
	线路 Xeq（标幺值）	0.00141

对于单机等值模型来说，流入等值模型的有功功率 P_1 和无功功率 Q_1 可表示为

$$\begin{cases} P_1 = P_G - \Delta P_T \\ Q_1 = Q_G - \Delta Q_T \end{cases} \tag{5-36}$$

式中：P_G 和 Q_G 分别为等值发电机发出的有功功率和无功功率；ΔP_T 和 ΔQ_T 分别为等值模型箱变上的损耗。

等值模型集电线路的损耗 ΔS_{ac} 可表示为

$$\Delta S_{ac} = \frac{P_1^2 + Q_1^2}{U_2^2} Z_{ac} \tag{5-37}$$

式中：Z_{ac} 为集电线路的阻抗。

箱变高压侧母线 35kV 处的电压为 U_2，经集电线路产生的电压降落 dU_2 和风电场出口处电压 U_3 可表示为

$$dU_2 = \Delta U_2 + \mathrm{j}\delta U_2 = \left(\frac{S_1}{U_2}\right) Z_{ac} \tag{5-38}$$

$$U_3 = \sqrt{\left(U_2 - \Delta U_2\right)^2 + \left(\delta U_2\right)^2} \tag{5-39}$$

对于详细模型，系统的总损耗为全部箱变与集电线路的总损耗 ΔS_{total}，有功功率总损耗 ΔP_{total} 和无功功率总损耗 ΔQ_{total} 可表示为

$$\begin{cases} \Delta S_{\text{total}} = \sum_{i=1}^{m} \Delta S_{\text{ac}(i)} + \sum_{i=1}^{m} \Delta S_{T(i)} \\ \Delta P_{\text{total}} = \sum_{i=1}^{m} \Delta P_{\text{ac}(i)} + \sum_{i=1}^{m} \Delta P_{T(i)} \\ \Delta Q_{\text{total}} = \sum_{i=1}^{m} \Delta Q_{\text{ac}(i)} + \sum_{i=1}^{m} \Delta Q_{T(i)} \end{cases} \quad （5\text{-}40）$$

基于等值前后功率损耗不变原则，得到等值集电线路电阻 R_{ac}、电抗 X_{ac} 的表达式为

$$\begin{cases} Z_{\text{ac}} = \dfrac{\sum_{i=1}^{m} \Delta S_{\text{ac}(i)} U_2^2}{P_1^2 + Q_1^2} \\[4mm] R_{\text{ac}} = \dfrac{\sum_{i=1}^{m} \Delta P_{\text{ac}(i)} U_2^2}{P_1^2 + Q_1^2} \\[4mm] X_{\text{ac}} = \dfrac{\sum_{i=1}^{m} \Delta Q_{\text{ac}(i)} U_2^2}{P_1^2 + Q_1^2} \end{cases} \quad （5\text{-}41）$$

对于大型储能场站，由于场站内变压器和集电线路较多，用 PSASP 软件建模之后，计算整个场站的等值参数较为麻烦，且计算容易出错，作者团队经过多年的积累开发了场站等值自动化计算软件。从 PSASP 软件中场站的详细模型导出变压器和集电线路参数，可直接输入此机电等值建模自动化计算软件中，选择文件数据，然后点击运行，即可自动输出总有功与无功数据、变压器损耗参数以及线路损耗参数等。运行之后，即可得出场站有关变压器和集电线路的数据，点击计算即可得到场站等值模型所需的变压器参数以及集电线路参数，该自动化计算软件计算效率高准确度高，且操作简单便捷。

6 实例分析

根据前文对新能源储能控制器测试、参数辨识以及储能电站等值建模方法的分析，本章基于某实际储能场站控制器模型及现场数据，对储能控制器硬件在环测试、参数辨识和储能场站建模过程进行完整描述，并分析测试、参数辨识和建模结果。

6.1 基于 RT-LAB 储能建模

6.1.1 硬件在环模型搭建

6.1.1.1 主电路模型搭建

首先选择储能系统所需模块，并将所有模块按照储能系统的拓扑结构连接，再对主电路模型中的模块和信号进行命名，然后依据收资的储能系统参数对主电路模型中各模块参数和仿真参数进行设置，最后校核模型，再对主电路模型进行命名，见图 6-1。

图 6-1 储能系统著电流模型搭建流程

储能主电路应按照功率回路拓扑图基于 RT-LAB 和 MATLAB/Simulink 进行搭建，并且根据电压电流方向利用电压表和电流表进行采样，如图 6-2 所示。将主电路中的电压表、电流表分别进行命名（作为 CPU 模型配置仿真机 AO 通道的标志），包括电池电压，直流电流，直流母线电压，A、B、C 三相电感电流、逆变侧 AB 线电压、逆变侧 BC 线电压、电网侧 AB 线电压、电网侧 BC 线电压，电网侧三相相电压，电网侧三相线电压。同时，对开关器件进行命名（作为控制器信号通道配置的标志），包括三相逆变器的 6 个开关管和并网接触器的三个受控开关。

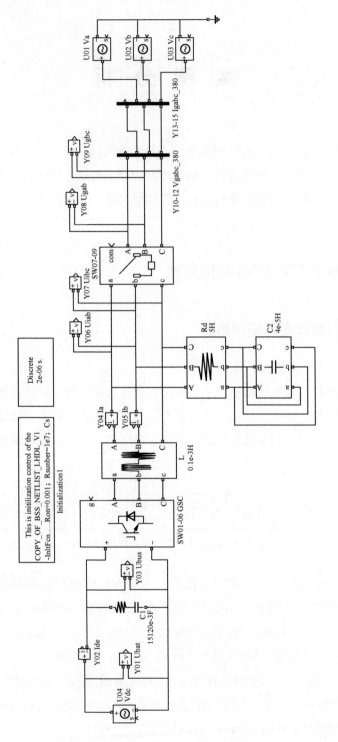

图 6-2 储能系统主电路模型

170

蓄电池采用受控电压源表示，同样给其命名用作 CPU 模型给定信号的标志，根据需求选择源信号类型，设置初始电压，其受控信号由 CPU 模型提供（针对 CPU 模型中蓄电池模型的搭建将在后面进行介绍）；直流侧的蓄电池并联一个超级电容，用以稳定直流侧电压，使其保持稳定。按收资材料进行逆变器参数的设置，设置通用桥的桥臂数（桥臂数是 3 就是三相全桥电路），选择合适的功率器件，并根据需求设置导通电阻、缓冲电阻、缓冲电容的值。主电路中 LC 滤波电路参数的设置根据场站收资情况而定，按照实际数值设置。

根据收资材料，设置电网交流母线的电压等级，用受控电压源进行代替表示，将三个受控电压源进行命名后作为 CPU 模型给定电网三相电压信号的标志，选择联结方式以及确定中性点是否接地，其设置界面如图 6-3 所示。选择源信号类型，电压初始幅值、电压初始相位、电压初始频率。其受控信号源由 CPU 模型提供，针对 CPU 模型中电网电压的搭建将在后面进行介绍。

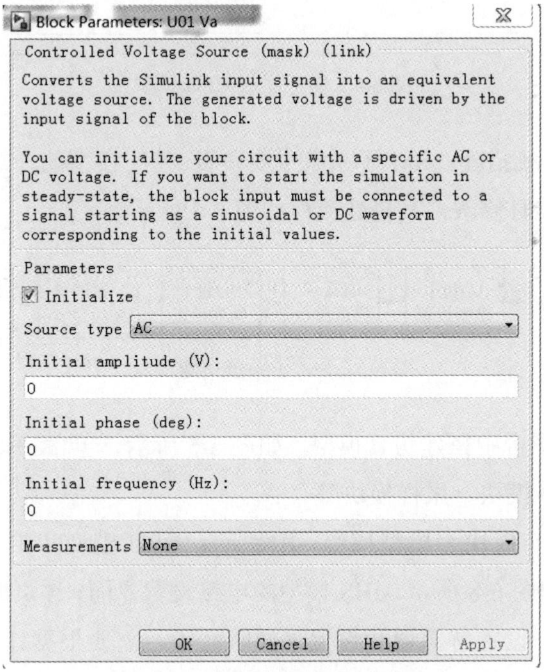

图 6-3　交流侧受控电压源设置界面

6.1.1.2　CPU 模型搭建

CPU 模型即实时仿真模型，CPU 模型包括 SM 子系统和 SC 子系统，其中 SM

子系统主要用于配置各信号，SC 子系统用于信号实时监测。SM 子系统包括蓄电池模型、AO 板卡模型、DI 板卡模型、DO 板卡模型、eHS 解算模型和数据保存模型，SC 子系统包括信号监测模型和指令下发模型。

在主电路模型保存的文件夹下搭建相应的 CPU 模型，封装的 CPU 模型如图 6-4 所示，包括 SM 子系统、SC 子系统、Powergui 和参数初始化模块。

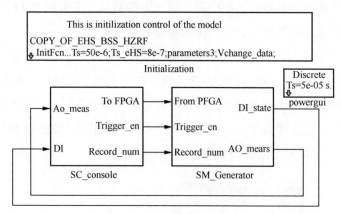

图 6-4　储能系统 CPU 模型

（1）SM 子系统搭建。SM 子系统主要负责 CPU 模型的计算功能，下载进仿真机后不能进行实时修改，其搭建流程如图 6-5 所示。

图 6-5　SM 子系统搭建流程

在 Simulink 平台中搭建仿真模型，如图 6-6 所示，包含 eHS 模块、储能模型和电网给定、DIO 模块、采样模块等。

储能系统 eHS 模块为模型核心，其保证了 CPU 模型和主电路模型的通信，其设置如图 6-7 和图 6-8 所示，eHS 模型的电路设置界面，该页面功能为设置 eHS 电路模型的调用、设置解算器和设置采样时间等。需要根据计算器选择解算器，eHS 模块需设置采样时间和开关电导枚举量 Gs；选择合适的开关控制类型，根据主电路中开关器件的个数设置 RT-LAB 门极信号数量；设置开关极性，并在门极通道选择面板设置开关信号的通道；选择三相逆变器的开关管和并网接触器的受控开关的控制类型通道。

172

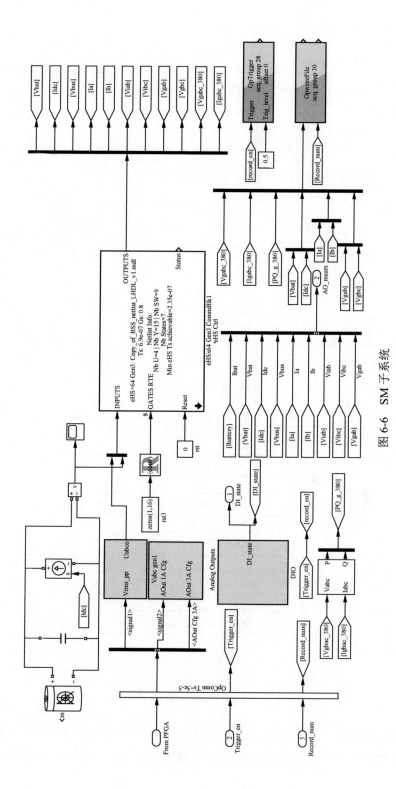

图 6-6 SM 子系统

173

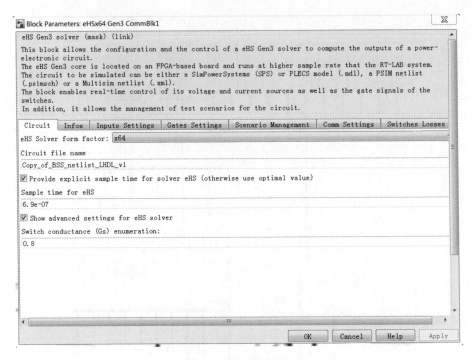

图 6-7　eHS 设置界面

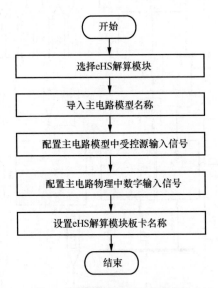

图 6-8　eHS 解算模块配置流程

　　储能模型由一个蓄电池、一个电容和一个受控电流源组成，如图 6-9 所示。蓄电池的设置如图 6-10 所示，按照收资材料进行设置，选择蓄电池类型，根据要求设置标称电压和初始荷电状态，电池响应时间对储能系统并网特性影响不大，故按默认的值进行设置。

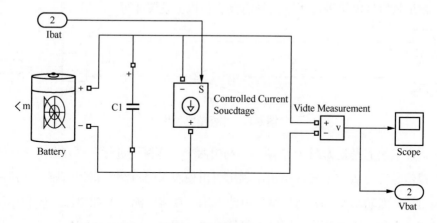

图 6-9　储能模型

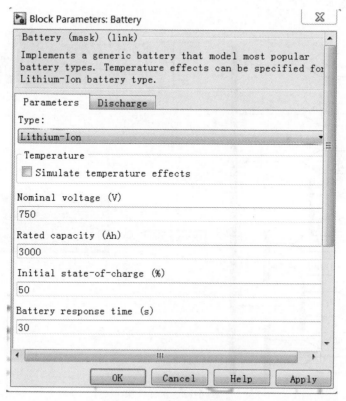

图 6-10　蓄电池设置界面

电网三相电压的给定模块搭建如图 6-11 所示,由 SC 子系统(SC 子系统中的参数可以进行实施修改,定值放在 SC 子系统中便于调试)中引出电网额定电压信号。正弦信号模块进行正弦信号的幅值和相位设置即可。

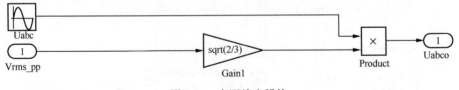

图 6-11　电网给定模块

采样模块的搭建如图 6-12 所示,利用两个采样模块进行采样,主电路中采样的模拟信号都能从 ehs 模块引出,利用引出模块将交流测三相相电压、交流测三相线电压、有功功率、无功功率、电池电压、直流电流、A 相电流、B 相电流、电网侧线电压、逆变器线电压输入采样模块,同时,分别往 OpWriteFile 模块和 OpTrigger 模块引入使能信号。

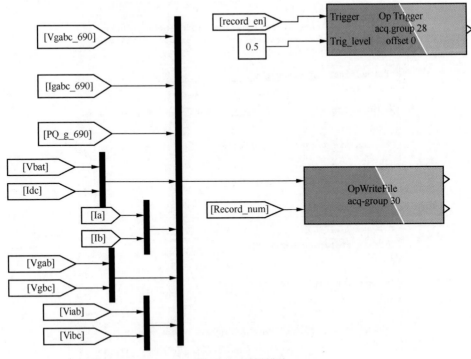

图 6-12　采样模块

采样模块的设置根据模型要求对以下参数进行设置：CPU 模型的仿真步长，采样因子 Decimation factor，采样频率；设置变量名 Variable name 和文件名 FileName，在此设置下采样完成后将生成一个文件，其中包含有变量名的矩阵变量，对采样变量进行排列；设置最大接收的变量组数 Acquisition Group；其余设置按默认设置。两个采样模块相互配合进行使用，保证采样的数据点不会因重复而被覆盖。

AO 模块需要搭建在 SM 子系统中，根据收资材料模拟信号确定需要的 AO 板卡数，如图 6-13 所示，AO 模块的输入端口为自定义输出，可以配置固定的信号进行输出，故配置了相应的输出信号方便后续对通道的测试。而诸如 Mapping、Gains 等信号从 SC 子系统中引入，将在 SC 子系统中的 AO 通道配置中进行解释。

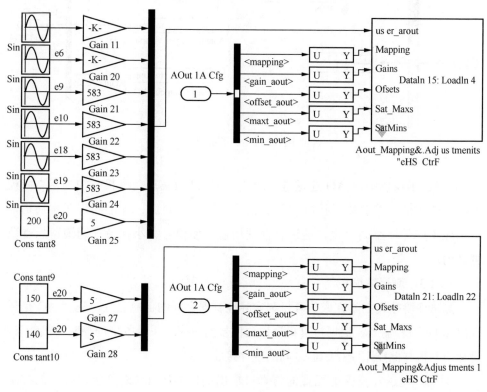

图 6-13　AO 模块搭建

（2）SC 子系统搭建。SC 子系统中包括波形观测模块、AO 通道配置模块，搭建的 SC 子系统如图 6-14 所示。按收资材料确定电压等级，接入到端口；再下面的两个信号分别为两个采样模块的使能信号，接到相应的端口（放在 SC 子系统中可以进行实时修改）；Display 的信号由内部其他端口引入，在系统运行时可以实时观测数字信号的输入情况。

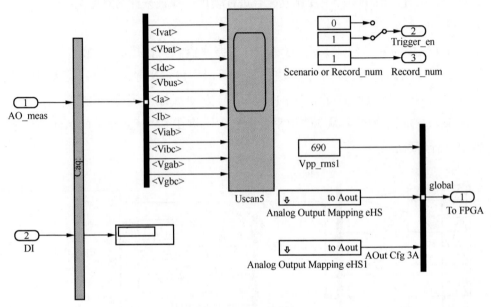

图 6-14　SC 子系统

在 SC 子系统中对 AO 通道进行配置，AO 通道实现仿真机与控制器之间模拟信号的通信，需要将可控制元件的信号通道一一对应，才能实现正常通信，特别注意信号增益的变化，需进行合理增益，使信号大小保持在通道可承受范围之内。

6.1.1.3　测试环境接线

测试环境接线主要完成仿真机和实际控制器之间的信息交互，包括 AO 信号输出和 DI 信号输入。根据仿真机端口与信号的对应关系及收资的控制器接线表，进行仿真机与储能系统控制器之间的硬件接线。

例如，通过各类板卡配置的仿真机输出端口如图 6-15 所示，收资的控制器端口接线表如表 6-1 所示，在实际测试中，可按此类接线表对每个信号进行接线。

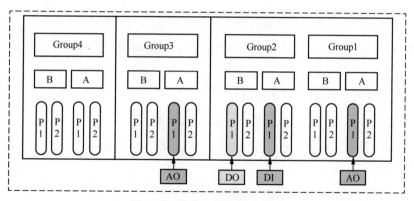

图 6-15 仿真机接口对应关系

表 6-1 仿真机与控制器间的 I/O 接口表

信号类型	信号通道接口	控制器端子	信号名称描述
模拟量输出 AO	1A-P1	GZ1：1-3	电网电压
		GZ1：4-6	逆变器电压
		GZ1：7	直流母线电压
		GZ1：8	蓄电池电压
	3A-P1	GZ2：1-3	逆变器电流
		GZ2：4	直流电流
数字量输入 DI	2A-P1	GZ3：1-6	并网逆变器 PWM
		GZ3：7	并网接触器驱动
数字量输出 DO	2B-P1	GZ4：1	并网接触器反馈状态量

6.1.2 储能系统仿真

基于上节所述步骤完成储能系统模型搭建，并配合厂家完成控制器接线，首先测试储能系统使其工作在正常稳定状态，模型调试完毕之后进行多工况测试工作。

6.1.2.1 信号通路调试

信号通路调试应确保模型中的信号可输出至控制器上位机中，控制器上位机中的信号可输出至模型中，形成闭环通路。信号通路调试流程如图 6-16 所示。

（1）模型到仿真机端口。

1）确定模型中设定的电网电压信号所在通道；

2）确定电网电压信号通道对应的仿真机端口位置；

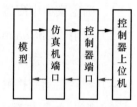

图 6-16 信号通路调试流程

179

3）在对应仿真机端口位置处接入示波器进行信号观测；

4）若能观测到模型给定的电网电压信号，则模型中的信号可正常输出至仿真机端口。

（2）仿真机端口到控制器端口。

1）在控制器端口处接入示波器进行信号观测；

2）若能观测到模型给定的电网电压信号，则仿真机端口的信号可正常输出至控制器端口。

（3）控制器端口到控制器上位机。

1）确定控制器上位机中电网电压对应的信号通道；

2）利用控制器上位机进行信号录波；

3）查看录波波形；

4）若能在控制器上位机中观测到设定的电网电压信号，则控制器端口的信号可正常输出至控制器上位机。

（4）控制器上位机到控制器端口。

1）利用控制器上位机下发接触器合闸信号；

2）确定控制器下发的接触器合闸信号对应的控制器端口位置；

3）在控制器端口对应位置处接入示波器进行信号观测；

4）若能观测到接触器合闸信号，则控制器上位机中的信号可正常输出至控制器端口。

（5）控制器端口到仿真机端口。

1）在仿真机端口处接入示波器进行信号观测；

2）若能观测到接触器合闸信号，则控制器端口的信号可正常输出至仿真机端口。

（6）仿真机端口到模型。

1）确定模型中配置的接触器合闸信号所在通道；

2）利用"OpComm"模块将接触器合闸信号传输至 SC 子系统中；

3）在 SC 子系统中，接入"Scope"模块对接触器合闸信号进行观测；

4）若能观测到接触器合闸信号，则仿真机端口的信号可正常输出至模型。

6.1.2.2　故障排查

故障排查首先需在控制器上位机中查看对应故障信息，然后在故障屏蔽设置中屏蔽对应的故障，再对信号通路进行调试，最后对屏蔽故障后的录波波形进行分析，若波形正常，则调试完成；若波形故障，则需返回检查信号通路步骤继续进行调试。故障排查流程如图6-17所示。

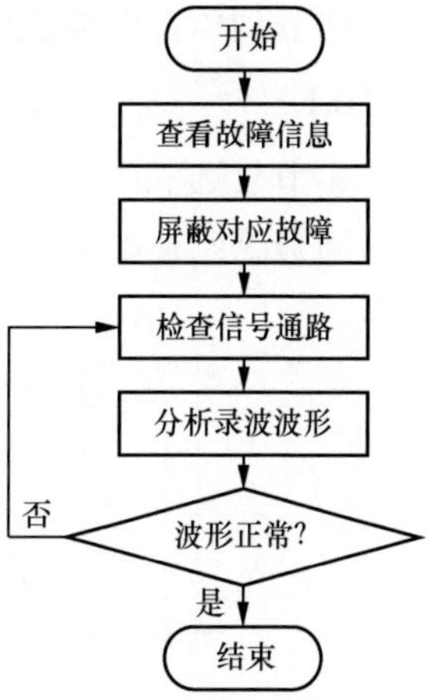

下面给出几种典型故障的排查方法：

（1）通信信号配置问题排查。通过上位机操作储能系统进行并网，下发并网控制指令，在配置的通道中观测相应的波形，如在该通道有对应当前指令的波形，则信号端口配置正确；若在该信号通道未能观测到对应波形，而在其他信号通道内观测到了给出的对应指令的波形，则可证明是通信信号配置错误的问题。

（2）硬件接线错误问题排查：同通信信号配置问题排查类似，但要首先确定通信信号的配置是正确的，再进行硬件接线问题排查。通过上位机操作储能系统进行并网，下发控制指令，在配置的通道中观测相应的波形，若在该通道有对应当前指令的波形，则硬件接线正确；若在该信号通道未能观测到对应波形，而在其他信号通道内观测到了给出的对应指令的波形，则可证明是硬件接线错误的问题。

（3）接线端子故障问题排查：通过上位机操作储能系统进行并网，下发控制指令，若在模型中对应配置的通道内能接收到信号，则该接线端子无问题；若模型中对应配置的通道内未能接收到该信号，则通过万用表测量控制器输出端子的信号，若在控制器输出端子测到高电平信号的同时，而在接线端子的另一端子处未测到高电平信号，则可证明接线端子故障，需对通信线进行更换。

（4）硬件故障问题排查：

1）通过上位机操作储能系统进行并网，下发控制指令，在控制器对应端口处接入万用表进行测量，若能在控制器端口处测得高电平信号，则控制器硬件无问题；若在控制器端口处未测得高电平信号，说明通过控制器上位机下发的并网指令未能传输到控制器端口，则可证明控制器硬件故障。

2）通过上位机操作储能系统进行并网，下发控制指令，若在模型中对应配置的通道内能接收到信号，则该板卡无问题；若模型中对应配置的通道内未能接收到该信号，则通过万用表测量控制器输出端子的信号，若在控制器输出端子测到

图 6-17　故障排查流

181

高电平信号的同时，而在接线端子的另一端子处也能测到高电平信号，说明信号可以传输到仿真机端子但模型中未能接收该信号，则可证明仿真机板卡故障。

6.1.2.3 工况测试

本节只选取部分工况结果进行展示分析。通过在测试标准中规定的母线处设置接地故障实现电压的升高或者降低，如图 6-18 所示。

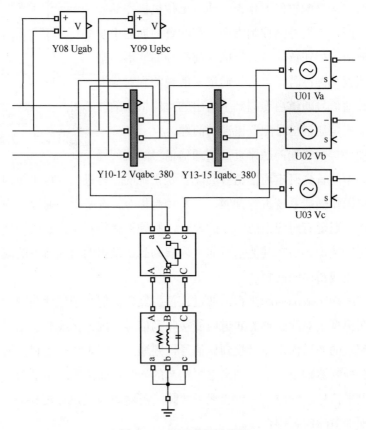

图 6-18 并网点接地设置

按照标准设置开关通断时间，模拟电力系统故障进行高低电压穿越测试。测试中也可以直接通过三相电压源设置高低电压穿越工况。

6.1.2.4 低电压穿越测试

本节选取一组低电压工况进行测试，通过设置故障接地模块阻抗的大小，使母线正序电压标幺值在低电压穿越期间跌落至 $0.8U_n$，再通过控制器设置机组出力为有功功率达到 $0.9P_n$，无功功率达到 $0.3Q_n$，低电压穿越从 10s 开始，持续时间为 1.727s，测试结果曲线如图 6-19 和图 6-20 所示。

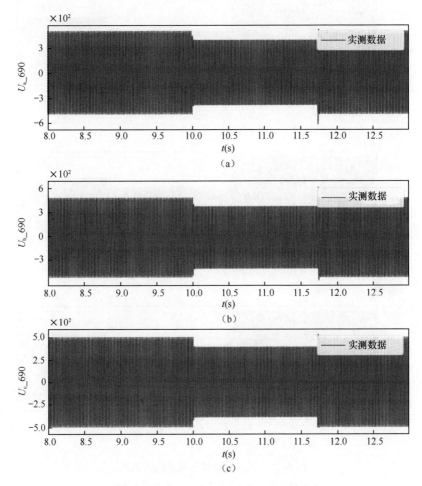

图 6-19 低电压穿越并网点电压波形
（a）并网点 A 相电压；（b）并网点 B 相电压；（c）并网点 C 相电压

由图 6-19 可见，在进行低电压穿越测试时，由于设置了接地短路故障，其电压在故障时间 10s 时从 690V 跌落到 550V，约为 $0.8U_n$，并且在此期间保持不脱网运行，此后在故障结束后又恢复到 690V，并且故障设置为三相对称故障，三相电压波形趋势保持同步，模型运行情况符合预期效果。

由图 6-20 可见，在进行低电压穿越测试时，其电流在故障时间 10s 时会从 0.2kA 跌落到 0.08kA，故障结束后，又会逐渐恢复到 0.2kA，模型响应迅速，验证了模型的低电压穿越能力，该模型运行符合预期。

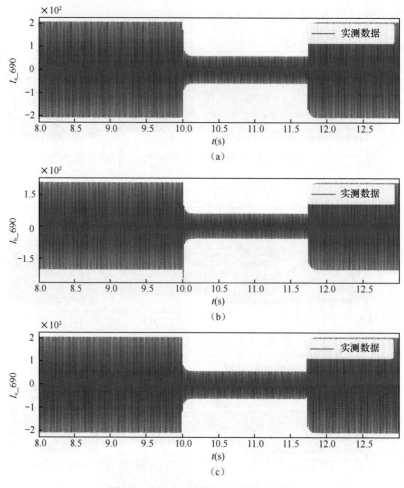

图 6-20　低电压穿越并网点电流波形

（a）并网点 A 相电流；（b）并网点 B 相电流；（c）并网点 C 相电流

6.2　储能系统单机建模及参数辨识

储能系统参数辨识需首先建立待辨识电磁模型及机电模型，明确待辨识控制参数，基于上节 RT-LAB 模型实测数据，本节将以高电压穿越实测数据为例进行参数辨识并填入待辨识模型，进行辨识结果分析。

6.2.1　待辨识模型搭建

Simulink 具有适应面广、结构和流程清晰及仿真精细、贴近实际、效率高、灵活等优点，并基于以上优点 Simulink 已被广泛应用于控制理论和数字信号处理的复杂仿真和设计。同时有大量的第三方软件和硬件可应用于或被要求应用于 Simulink。Simulink 可以用连续采样时间、离散采样时间或两种混合的采样时间进行建模，它也支持多速率系统，也就是系统中的不同部分具有不同的采样速率。为了创建动态系统模型，Simulink 提供了一个建立模型方块图的图形用户接口，这个创建过程只需单击和拖动鼠标操作就能完成，它提供了一种更快捷、直接明了的方式，而且用户可以立即看到系统的仿真结果。

Simulink 是用于动态系统和嵌入式系统的多领域仿真和基于模型的设计工具。对各种时变系统，包括通信、控制、信号处理、视频处理和图像处理系统，Simulink 提供了交互式图形化环境和可定制模块库来对其进行设计、仿真、执行和测试。构架在 Simulink 基础之上的其他产品扩展了 Simulink 多领域建模功能，也提供了用于设计、执行、验证和确认任务的相应工具。Simulink 与 MATLAB 紧密集成，可以直接访问 MATLAB 大量的工具来进行算法研发、仿真的分析和可视化、批处理脚本的创建、建模环境的定制以及信号参数和测试数据的定义。

因此本电磁辨识模型基于 Simulink 平台进行搭建，主电路参数设置均依据收资填写，整体模型如图 6-21 所示。

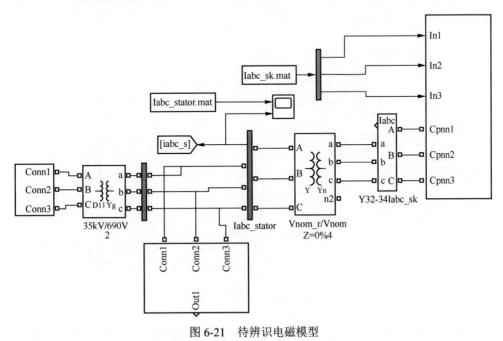

图 6-21 待辨识电磁模型

并网逆变器主要作用为将直流电转换为符合并网要求的交流电，是储能系统中的核心设备，此处，本模型搭建了基于电感滤波的三相逆变电路及其控制电路，逆变器主电路如图 6-22 所示。Form 模块（PWM_Converter）为三相并网逆变器的控制信号；Goto 模块（Vabc_B1）和 Goto 模块（Iabc_B1）分别为测量的并网点三相电压和三相电流。

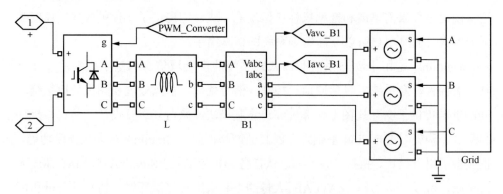

图 6-22　三相并网逆变电路仿真模型

电网三相电路利用由 Grid 模块输出的信号控制的受控电压源进行等效建模，Grid 模块为搭建的电网三相电压控制信号输出模块，其等效模型搭建如图 6-23 所示。

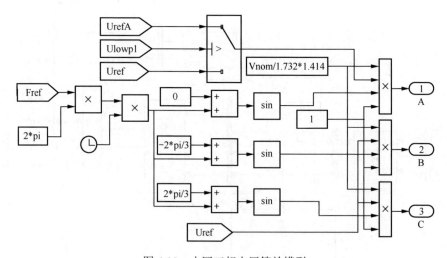

图 6-23　电网三相电压等效模型

From 模块（Freq）为电网频率输入；From 模块（Uref）为电网三相参考电压

（标幺值）；From 模块（UrefA）为电网 A 相参考电压（pu）。此外，还搭建了电网三相低电压穿越信号模块和 A 相电压跌落模块，如图 6-24 所示。图中 From 模块（Ulowp1）为电网 A 相电压跌落触发信号，From 模块（Ulowp3）为三相电压跌落触发信号，Out1 模块为电网三相低电压穿越信号输入，其搭建如图 6-25 所示。

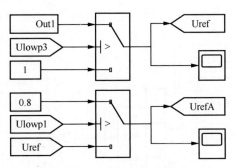

图 6-24　电网电压跌落模块

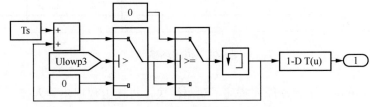

图 6-25　三相低电压穿越信号模型

基于电感滤波电压型三相逆变电路的数学模型推导，建立了三相并网逆变器控制电路的模型，如图 6-26 所示。

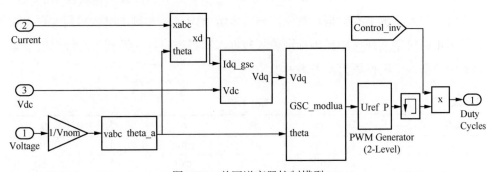

图 6-26　并网逆变器控制模型

并网逆变器控制模型需要外部的输入信号与内部的振荡信号同步，通常利用锁相环路来实现这个目的。锁相环路是一种反馈控制电路，简称锁相环（phase-locked loop，PLL），锁相环的特点是：利用外部输入的参考信号控制环路内部振荡信号的频率和相位。由于锁相环可以实现输出信号频率对输入信号频率的自动跟踪，所以锁相环通常用于闭环跟踪电路，搭建的 PLL 模型如图 6-27 所示。

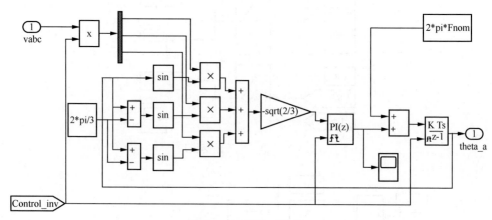

图 6-27　锁相环模型

基于 Similink 平台功能还搭建了观测模块，直接由数据集导入模型，并且模型仿真数据直接展示，可以实时观看。

6.2.2　参数辨识结果分析

基于第五章所述电磁参数辨识方法进行电磁参数辨识，其具体过程如下：

（1）导入实测工况数据。首先，导入多组 RT-LAB 实测工况数据到 Simulink 待辨识电磁模型文件夹中作为标准输入数据，运行辨识算法得到一组待辨识模型的输出数据，工况设置可参考表 6-2。

表 6-2　　　　　　　　　　　　　工况采集

组号	U_0	U_t	P_0	P_t	Q_0	Q_t
1	1	0.25	1	0.017	0	0.256
2	1	0.3	1	0.02	0	0.285
3	1	0.35	1	0.0225	0	0.305
4	1	0.4	1	0.02525	0	0.3175

组号	U_0	U_t	P_0	P_t	Q_0	Q_t
5	1	0.45	1	0.03	0	0.3245
6	1	0.5	1	0.035	0	0.323
7	1	0.55	1	0.037	0	0.3125
8	1	0.6	1	0.0415	0	0.2975
9	1	0.65	1	0.045	0	0.2775
10	1	0.7	1	0.05	0	0.24
11	1	0.8	1	0.0525	0	0.16
12	1	0.85	1	0.056	0	0.1

（2）进行算法迭代。利用编写好的 LSTM 算法程序，基于标准输出数据和待辨识输出模型的差别，进行迭代寻优，得到一组 PI 控制参数，将该控制参数导入到 Simulink 中待辨识的参数模型中，再次运行，得到一组新的输出数据，用该数据与实测的工况数据对比，记录误差。之后进行下一次迭代，如此往复，直到迭代结果满足要求为止。

（3）对比分析。以电压跌落程度为横坐标，故障穿越期间有功功率和无功功率为纵坐标绘制散点分布图，如图 6-28 所示为不同电压跌落程度下对应的无功功率，从图中可以看出，电压跌落程度从 0.25（标幺值）变化到 0.85（标幺值）的过程中，无功功率呈现先上升后下降的趋势，这是因为故障穿越期间，动态无功支撑电流随电压跌落程度升高而减小，但无功功率 Q_t 为无功电流与电压跌落程度的乘积，因此无功功率 Q_t 是关于电压跌落程度 U_t 的二次函数，随电压跌落程度的增大先上升后下降；从图中可以看出，在不同初始有功功率、不同电压跌落程度下，实测数据不同，辨识结果也不同，这是因为无功功率 Q_t 是关于电压跌落程度 U_t 的二次函数，而在相同电压跌落程度、不同初始有功功率下，实测数据不同，但辨识结果相同，这是因为初始无功功率 Q_0 相同，动态无功支撑电流仅与电压跌落程度 U_t 和初始无功功率 Q_0 有关，当初始无功功率相同时，动态无功支撑电流仅与电压跌落程度 U_t 有关，因此在相同电压跌落程度下，得到的辨识结果都相同。

如图 6-29 所示为不同电压跌落程度下对应的有功功率，从图中可以看出，电压跌落程度从 0.35（标幺值）变化到 0.8（标幺值）的过程中，有功功率呈现上升的趋势，这是因为故障穿越期间，故障穿越期间有功电流由限幅模块决定，有功功率 P_t 为有功电流与电压跌落程度的乘积，当电压跌落程度较小时，动态无功支撑电流增大，通过限幅模型输出的有功电流较小，低于正常运行时的有功电流，此时有功电流由限幅模型输出决定，当电压跌落程度较大时，动态无功支撑电流减小，通过限幅模型输出的有功电流较大，高于正常运行时的有功电流，此时有功电流仍由电压外环决定；从图中可以看出，在相同初始有功功率、不同电压跌落程度下，实测数据不同，辨识结果也不同，这是因为有功功率 P_t 与电压跌落程度 U_t 和初始有功功率 P_0 有关，当初始有功功率相同时，有功功率 P_t 仅与电压跌落程度有关，对应不同电压跌落程度，具有不同的辨识结果。

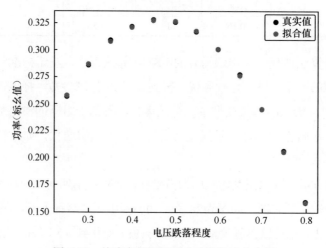

图 6-28　故障穿越期间无功功率散点分布图

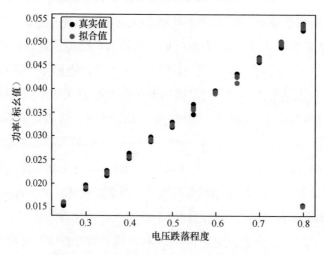

图 6-29　故障穿越期间有功功率散点分布图

选取一组低电压穿越工况进行对比。均设置为三相对称故障，故障时间从 10s

开始，故障持续时间根据要求有所不同。辨识对比结果如图 6-30 所示。

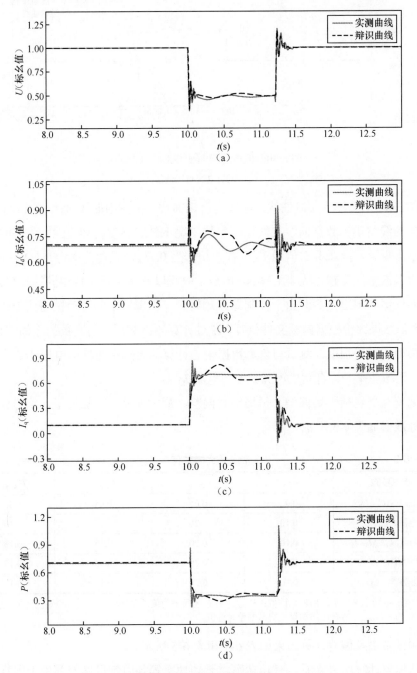

图 6-30　低电压穿越曲线对比（一）

（a）正序电压对比曲线；（b）有功功率对比曲线；（c）无功功率对比曲线；（d）有功电流对比曲线

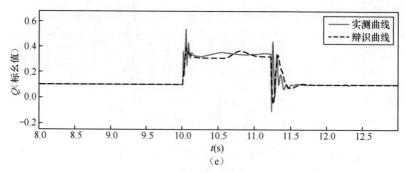

图 6-30　低电压穿越曲线对比（二）

（e）无功电流对比曲线

图 6-30 中实线为实测曲线，虚线为辨识曲线，由图中曲线对比可以看到，实测数据曲线与辨识数据曲线在低电压穿越工况下具有高度的契合性。稳态时二者曲线基本重合，电压标幺值为 U_n，有功功率为 $0.7P_n$，无功功率为 $0.1Q_n$，在 10s 时刻进入低电压穿越，持续 1.214s，电压、电流以及功率都保持相同的趋势走向，在进入低穿和退出低穿时由于控制器参数问题，出现较小的波动振荡属于正常现象。辨识结果评价根据国标文件执行，通过计算测试数据与仿真数据之间得偏差，考核模型的准确程度。测试与仿真数据偏差计算的电气量包括：电压 U、有功功率 P、无功功率 Q、有功电流 I_p、无功电流 I_Q。

偏差类型包括平均偏差、平均绝对偏差、最大偏差以及加权平均绝对偏差，偏差标准值如表 6-3 所示。

表 6-3　　　　　　　　　　　　　允许最大偏差值

电气参数	$F_{1,\,max}$	$F_{2,\,max}$	$F_{3,\,max}$	$F_{G,\,max}$
电压，$\Delta U_s/U_n$	0.02	0.05	0.05	0.05
电流，$\Delta I/I_n$	0.10	0.20	0.15	0.15
无功电流，$\Delta I_q/I_n$	0.10	0.20	0.15	0.15
有功功率，$\Delta P/P_n$	0.10	0.20	0.15	0.15
无功功率，$\Delta Q/P_n$	0.10	0.20	0.15	0.15

注　$F_{1,max}$—稳态区间平均偏差允许值；$F_{2,max}$—暂态区间平均偏差允许值；$F_{3,max}$—稳态区间最大偏差允许值；$F_{G,max}$—所有区间加权平均总偏差允许值。

测试结果及偏差计算结果如表 6-4 和表 6-5 所示。

从偏差计算结果来看，有功功率、无功功率等各电气量偏差都处于国标允许误差范围之内，验证了本文所提参数辨识方法的有效性。

192

表 6-4 测试结果

区间		测试数据					仿真数据				
区间名	描述	U	I_d	I_q	P	Q	U	I_d	I_q	P	Q
A	A₁ 稳态	1.002	0.6988	0.1007	0.7002	0.1009	1.0022	0.7065	0.1012	0.7075	0.1014
B	B₁ 暂态	0.54	0.6687	0.6384	0.3662	0.3361	0.5552	0.7013	0.5525	0.4241	0.3186
	B₂ 稳态	0.4864	0.706	0.6972	0.3431	0.3391	0.4992	0.7281	0.694	0.3425	0.325
C	C₁ 暂态	0.9978	0.7023	0.1191	0.7003	0.1189	0.9923	0.69	0.1379	0.6846	0.1325
	C₂ 稳态	1.0015	0.7	0.1004	0.701	0.1006	1.0022	0.7065	0.1012	0.7074	0.1013

表 6-5 偏差计算结果

区间		平均偏差					稳态最大偏差				
区间名	描述	ΔU_{mean}	ΔI_{d_mean}	ΔI_{q_mean}	ΔP_{mean}	ΔQ_{mean}	$|\Delta U_{max}|$	$|\Delta I_{d\_max}|$	$|\Delta I_{q\_max}|$	$|\Delta P_{max}|$	$|\Delta Q_{max}|$
A	A₁ 稳态	0.0002	0.0077	0.0005	0.0073	0.0005	0.0012	0.0083	0.0017	0.0081	0.0017
B	B₁ 暂态	0.0152	0.0326	0.0859	0.0579	0.0175	/	/	/	/	/
	B₂ 稳态	0.0128	0.0221	0.0032	0.0006	0.0141	0.0322	0.0949	0.113	0.0563	0.0459
C	C₁ 暂态	0.0055	0.0123	0.0188	0.0157	0.0136	/	/	/	/	/
	C₂ 稳态	0.0007	0.0065	0.0008	0.0064	0.0007	0.0058	0.0082	0.0062	0.0081	0.0067

区间		时段平均					权值	（A，B，C，）区域各变量加权偏差				
区间名	描述	$|F_{U\_mean}|$	$|F_{Id\_mean}|$	$|F_{Iq\_mean}|$	$|F_{P\_mean}|$	$|F_{Q\_mean}|$		F_{G_U}	F_{G_Id}	F_{G_Iq}	F_{G_P}	F_{G_Q}
A	A₁ 稳态	0.0002	0.0077	0.0005	0.0073	0.0005	0.1					
B	B₁ 暂态	0.0131	0.0233	0.0131	0.0064	0.0146	0.6	0.0081	0.0156	0.0092	0.0052	0.0098
	B₂ 稳态											
C	C₁ 暂态	0.0006	0.0027	0.0044	0.002	0.0034	0.3					
	C₂ 稳态											

6.3 场站等值模型

6.3.1 单机等值模型

储能电站单机等值模型采用功率倍乘方法建立，基于损耗不变原则，变压器、集电线路等值参数可通过计算得到，将前文建立的单机储能模型进行功率倍乘后，通过变压器经过送出线路汇入电网，储能场站单机等值模型及其控制模型如图 6-31 和图 6-32 所示。

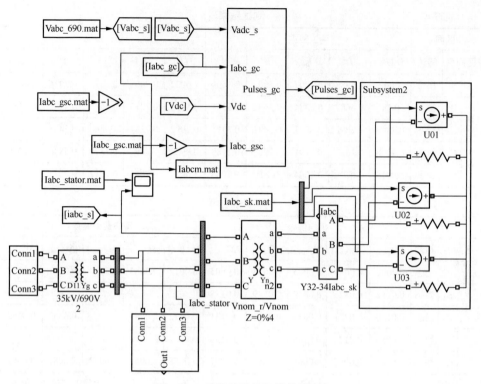

图 6-31 储能场站单机等值模型

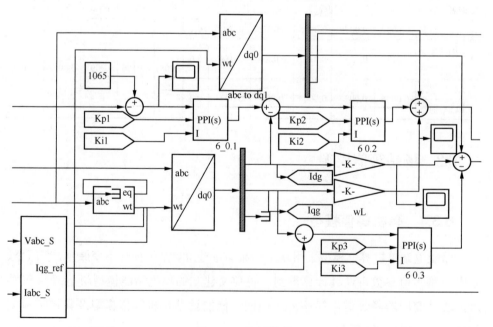

图 6-32 控制模型

（1）逆变器等值。多台逆变器等值结构与单台逆变器保持一致，等值逆变器结构参数中所有阻抗为单个储能单元中逆变器对应阻抗的 $1/n_1$（n_1 为单个储能单元的数量），即 $R_{eq}=1/n_1R$、$L_{eq}=1/n_1L$、$C_{eq}=1/n_1C$，其中 R、L、C 为单个储能单元中逆变器的电阻、电感、电容参数；R_{eq}、L_{eq}、C_{eq} 为等值逆变器的相应参数。

（2）变压器等值。变压器容量为原变压器容量的 n_1 倍，内部短路损耗、短路电压百分比等参数遵循损耗不变的原则进行等值计算，如第五章中所述。

6.3.2 多机等值

储能电站的多机等值模型如图 6-33 所示，考虑到实际场站在运行中不可能所有机组保持同步，故此将功率在多个机组之间进行合理的分配，使每个机组所发功率之和为场站功率，并且损耗保持不变，其控制方式有如前文所述。

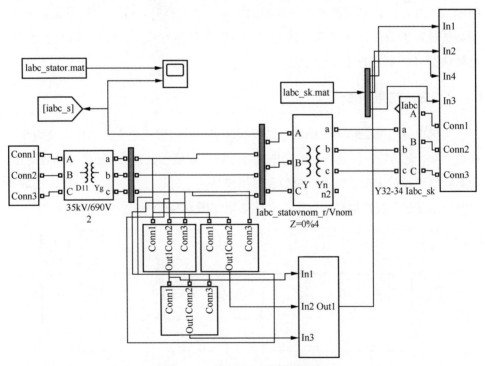

图 6-33　储能场站多机等值模型

分群指标基于控制参数的特征距离建立。以储能电站变流器为核心，计算所有储能单元两两之间的特征距离，并以此为指标对储能电站进行分群。在同一控制模式下，变流器的控制参数会对储能电站的动态响应特性产生重要的影响，控制参数的差异可以直接反应其动态特性的差异，因此可以采用两两变流器控制参数向量之间的距离作为特征距离。为了体现不同控制参数对系统动态响应的影响程度，可以将变流器控制参数乘以系统当前运行状态下各参数的灵敏度系数得到的向量作为分群指标，特征距离即为各指标之间的向量距离。通过计算两两变流器之间的动态参数距离作为聚合指标用于多变流器的分群，而且为了提高储能电站等值模型的精确性和对复杂实际工况的适应性，将用于变流器聚类指标计算的参数灵敏度和详细模型下的参考响应曲线通过离线计算建立数据库，在线根据实时信息匹配获取。为了提高等值精度，基于不同的扰动工况可以分别建立不同的等值方案，针对 PI 控制策略的小扰动工况，同样采用上述分群指标；而针对采用低电压控制策略的大扰动工况，则选择了把不同变流器暂态电压跌落的不同程度与各变流器动态轨迹整体相似度相结合的综合距离指标作为分群指标。另外，在计算储能变流器分群的特征距离指标时，除了计及逆变器 PI 控制器的控制参数外，还计入了储能变流器的滤波电感系数，使变流器的动态响应特性得到更充分的体现。

6.3.3　结果分析

与机电等值模型相同，单机等值模型和多机等值模型建立之后需保持电压、有功功率、无功功率以及有功无功电流基本特性保持一致，二者通过并网点电压、功率波形进行对比来验证单机模型和多机模型的电气特性是否保持一致，选取一组低电压穿越工况数据进行对比，对比结果如图 6-34 所示。

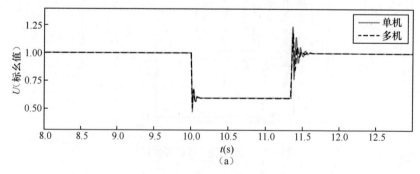

图 6-34　低电压穿越机端波形对比（一）

（a）电压曲线对比

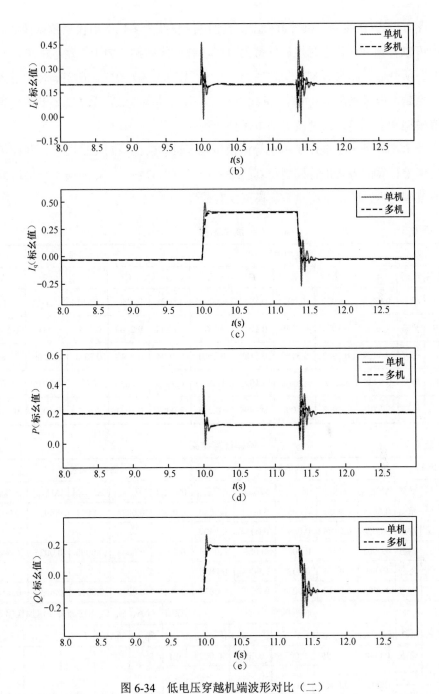

图 6-34　低电压穿越机端波形对比（二）

（b）有功功率曲线对比；（c）无功功率曲线对比；（d）有功电流曲线对比；（e）无功电流曲线对比

图 6-34 中实线为单机等值模型数据曲线，虚线为多机等值模型数据曲线。由图中可以看到，在稳态时电压保持为 $1U_n$，在故障时刻，由于短路了故障，有功功率有所降低，正常时刻有功功率为 $0.2P_n$，无功功率为 $0Q_n$，在 10s 时刻进入低电压穿越，电压跌落至 $0.6U_n$，持续 1.341s，有功功率减低，无功功率升高。单机等值模型和多机等值模型波形基本保持一致。

表 6-6 和表 6-7 展示了单机等值模型和多机等值模型的测试结果，同样可以采用偏差计算的方式进行模型仿真结果评价。可以看到，二者的偏差结果均处于误差范围之内，验证了所建等值模型的有效性。

表 6-6　　　　　　　　　　　　　　　测试结果

区间		测试数据					仿真数据				
区间名	描述	U	I_d	I_q	P	Q	U	I_d	I_q	P	Q
A	A_1 稳态	0.9999	0.1992	−0.0981	0.1992	−0.0981	1.0008	0.2021	−0.1014	0.2023	−0.1015
B	B_1 暂态	0.622	0.1977	0.2739	0.1272	0.164	0.6244	0.2103	0.2247	0.1316	0.1333
	B_2 稳态	0.5999	0.1982	0.3168	0.1189	0.1901	0.5994	0.2017	0.3081	0.1209	0.1847
C	C_1 暂态	0.9935	0.197	−0.0863	0.1972	−0.0845	0.9905	0.2034	−0.077	0.2016	−0.079
	C_2 稳态	1.0	0.1994	−0.098	0.1994	−0.098	1.0008	0.2021	−0.1014	0.2023	−0.1015

表 6-7　　　　　　　　　　　　　　　偏差计算结果

区间		平均偏差					稳态最大偏差				
区间名	描述	ΔU_{mean}	ΔI_{d_mean}	ΔI_{q_mean}	ΔP_{mean}	ΔQ_{mean}	$|\Delta U_{max}|$	$|\Delta I_{d\_max}|$	$|\Delta I_{q\_max}|$	$|\Delta P_{max}|$	$|\Delta Q_{max}|$
A	A_1 稳态	0.0009	0.0029	0.0033	0.0031	0.0034	0.0014	0.0035	0.0041	0.0037	0.0041
B	B_1 暂态	0.0024	0.0126	0.0492	0.0044	0.0307	/	/	/	/	/
	B_2 稳态	0.0005	0.0035	0.0087	0.002	0.0054	0.0011	0.0043	0.0096	0.0025	0.0061
C	C_1 暂态	0.003	0.0064	0.0093	0.0044	0.0055	/	/	/	/	/
	C_2 稳态	0.0008	0.0027	0.0034	0.0029	0.0035	0.0015	0.0035	0.0042	0.0037	0.0042

区间		时段平均					权值	（A，B，C，）区域各变量加权偏差				
区间名	描述	$|F_{U\_mean}|$	$|F_{Id\_mean}|$	$|F_{Iq\_mean}|$	$|F_{P\_mean}|$	$|F_{Q\_mean}|$		F_{G_U}	F_{G_Id}	F_{G_Iq}	F_{G_P}	F_{G_Q}
A	A_1 稳态	0.0009	0.0029	0.0033	0.0031	0.0034	0.1					
B	B_1 暂态	0.0001	0.0045	0.0131	0.0023	0.0082	0.6					
	B_2 稳态							0.0002	0.004	0.0085	0.0026	0.0058
C	C_1 暂态	0.0001	0.0034	0.0009	0.0032	0.0017	0.3					
	C_2 稳态											

参 考 文 献

[1] 徐志毅. 储能变流器电压暂降控制策略研究 [D]. 北京：北方工业大学，2022.DOI:10.26926/
d.cnki.gbfgu.2021.000364.

[2] 曹炜，钦焕乘，陆建忠，等. 新型电力系统下虚拟同步机的定位和应用前景展望 [J]. 电
力系统自动化，2023，47(04):190-207.

[3] 林演康. 用于微电网的储能变流器控制策略研究 [D]. 北京：北方工业大学，2022.DOI:
10.26926/d.cnki.gbfgu.2021.000136.

[4] 刘新天，苏流，成伟菁，等. 基于集中式 PWM 变流器的锂电池储能系统 [J]. 电力电子
技术，2016，50(11):14-18.

[5] 程亮. 跟网型变流器并网系统同步稳定性研究 [D]. 济南：山东大学，2023.DOI:10.27272/
d.cnki.gshdu.2023.000906.

[6] 徐海珍. 虚拟同步发电机（VSG）广义惯性与无功均分控制策略研究 [D]. 合肥：合肥
工业大学，2018.

[7] 王成山，肖朝霞，王守相. 微网中分布式电源逆变器的多环反馈控制策略 [J]. 电工技术
学报，2009，24(02):100-107.DOI:10.19595/j.cnki.1000-6753.tces.2009.02.016.

[8] 王成山，肖朝霞，王守相. 微网综合控制与分析 [J]. 电力系统自动化，2008，(07):98-103.

[9] 余果，吴军，夏热，等. 构网型变流器技术的发展现状与趋势研究 [J]. 综合智慧能源，
2022，44(09):65-70.

[10] 李城. 康佳 KIP072U04-01 逆变器部分电路图 [J]. 家电检修技术，2013(03):35.

[11] 张红艳，张建坡. 电池储能接入系统拓扑及其控制策略 [J]. 电力科学与工程，2018，
34(11):14-19.

[12] 谷晴，李睿，蔡旭，等. 面向百兆瓦级应用的电池储能系统拓扑与控制方法 [J]. 发电
技术，2022，43(05):698-706.

[13] 叶远茂，华特科. 新型混合级联多电平逆变器拓扑及调制策略 [J]. 电力自动化设备，
2023，43(02):90-95.DOI:10.16081/j.epae.202207025.

[14] 刘文龙，赵帅，康越，等. 智能电网中电化学储能系统建设及技术——评《电网侧大规
模电化学储能系统应用及测试技术》[J]. 化学工程，2023，51(08):97.

［15］ 王丰，陈飞，凌万水. 基于实时数据的主动配电网控制器测试平台设计［J］. 供用电，2021，38(10):64-72.DOI:10.19421/j.cnki.1006-6357.2021.10.009.

［16］ 邓卫，裴玮，沈子奇，等. 基于 IEC 61850 标准化信息网络的微电网运行模式控制［J］. 高电压技术，2015，41(10):3274-3280.DOI:10.13336/j.1003-6520.hve.2015.10.012.

［17］ 白恺. 基于运行概率特征的电力储能系统测试工况设计方法［J］. 电力建设，2016，37(08):155-160.

［18］ 李红军，崔双喜，王维庆，等. 基于风电功率预测与储能技术的风电消纳预测研究［J］. 可再生能源，2018，36(11):1711-1718.DOI:10.13941/j.cnki.21-1469/tk.2018.11.021.

［19］ 汪剑波，钱叶牛. 基于 ADPSS 的发电机准同期并列试验研究［J］. 中国新技术新产品，2023(12):14-16.DOI:10.13612/j.cnki.cntp.2023.12.035.

［20］ 王玭，李亚楼，陈绪江，等. 基于 ADPSS 新一代仿真平台的大规模交直流电网数模混合仿真［J］. 电网技术，2021，45(01):227-234.DOI:10.13335/j.1000-3673.pst.2020.0994.

［21］ 郝旭东，程佩芬，杨冬，等. 基于 ADPSS 数模仿真的安全稳定控制装置测试方法研究［J］. 山东电力技术，2022，49(04):23-28.

［22］ 蔡普成，向往，彭红英，等. 基于 ADPSS 的含背靠背 MMC-HVDC 系统的交直流电网机电—电磁混合仿真研究［J］. 电网技术，2018，42(12):3888-3894.DOI:10.13335/j.1000-3673.pst.2018.1781.

［23］ 谭阳琛，刘畅，李程昊，等. 基于 ADPSS 的特高压直流输电控制保护系统开放式建模［J］. 电力系统保护与控制，2018，46(17):99-108.

［24］ 王珏莹，张振宇，吴涵，等. 基于 RTLAB 的配电网智能分布式自愈控制系统测试技术［J］. 供用电，2023，40(09):16-26.DOI:10.19421/j.cnki.1006-6357.2023.09.003.

［25］ 王勇劲，石径. 基于 Rtlab 的光伏电站无功补偿测试方法及制约因素分析［J］. 青海电力，2022，41(01):5-8+35.DOI:10.15919/j.cnki.qhep.2022.01.002.

［26］ 白建华，辛颂旭，刘俊，等. 中国实现高比例可再生能源发展路径研究［J］. 中国电机工程学报，2015，35(14):3699-3705.

［27］ 周孝信，陈树勇，鲁宗相，等. 能源转型中我国新一代电力系统的技术特征［J］. 中国电机工程学报，2018，38(7):1893-1904.

［28］ 李鹏，谷琛，陈东，等. ±1500kV 特高压直流输电技术前期研究［J］. 高电压技术，2017，43(10):3137-3148.

［29］ WANG Xiongfei, BLAABJERG F, WU Weimin.Modeling and analysis of harmonic stability in an AC power-electronics-based power system [J]. IEEE Transactions on Power Electronics, 2014, 29(12):6421-6432.

[30] 马宁宁. 高比例新能源和电力电子设备电力系统的宽频振荡研究综述 [J]. 2020, 15-4720-12:0258-8013.

[31] 翟岳, 郭改枝. 基于经验模态分解和小波降噪的漏水信号滤波方法 [J]. 内蒙古师范大学学报（自然科学汉文版）, 2023, 52(03):269-275.

[32] 徐卓, 王辉, 杨晓峰, 等. 改进小波阈值函数降低发动机冷试噪声测试仿真 [J]. 内燃机与动力装置, 2024, 41(01):50-57.DOI:10.19471/j.cnki.1673-6397.2024.01.008.

[33] 菅小艳, 韩素青, 杨红菊. 基于小波降噪和时序数据图像化的表面肌电信号识别[J]. 山西大学学报（自然科学版）, 2024, 47(01):103-111.DOI:10.13451/j.sxu.ns.2023137.

[34] 朱志成, 靳海亮. 小波降噪及改进遗传算法的 BP 神经网络在基坑变形中的组合应用 [J]. 测绘与空间地理信息, 2024, 47(07):169-173.

[35] 戴敏敏. 基于 EMD 的三维几何模型的嵌入式水印方法研究 [D]. 吉林：东北电力大学, 2024.DOI:10.27008/d.cnki.gdbdc.2024.000230.

[36] 熊秋, 彭夔. EMD 分解与深度学习结合的温度序列时空建模 [J/OL]. 宜宾学院学报, 1-9 [2024-08-30]. http://kns.cnki.net/kcms/detail/51.1630.Z.20240626.1435.002.html.

[37] 梁浩彬.基于改进 EMD 算法的超短期电力负荷预测研究 [D]. 广州：广州大学, 2024.DOI:10.27040/d.cnki.ggzdu.2024.000984.

[38] 王钰涵, 郑旭, 周南, 等. 基于 EMD 和 KNN 的发动机辐射噪声预测研究 [J]. 现代机械, 2024,(01):1-5.DOI:10.13667/j.cnki.52-1046/th.2024.01.005.

[39] 周明, 孙树栋. 遗传算法原理及应用 [M]. 北京：国防工业出版社, 1999.

[40] 贺勇, 明杰秀, 概率论与数理统计 [M]. 武汉：武汉大学出版社, 2012.

[41] 冯培梯. 系统辨识 [M]. 杭州：浙江大学出版社, 2004.

[42] 刘党辉, 系统辨识方法及应用 [M]. 北京：国防工业出版社, 2010.

[43] 夏峰利,沈谅平,周方媛,等.超级电容器动态等效模型研究[J].信息通信,2017(05):70-72.

[44] GUALOUS H, GALLAY R, ALCICEK G, et al.Supercapacitor ageing at constant temperature and constant voltage and thermal shock [J]. Microelectronics Reliability, 2017, 50(9-11):1783-1788.

[45] FARSI H, GOBAL F. Artificial neural network simulator for supercapacitor performance prediction [J]. Computational Materials Science, 2007, 39(3):678-683.

[46] PARK J ,SANDBERG I W. Universal Approximation Using Radial Basis Function Networks

［J］. NeuralNeural Networks，1989，2(5):359-366Computation，1991，3(2):246-257.

［47］ KUNDUR P.Power System Stability and Control ［M］. New York: McGraw- Hill,1994.

［48］ 王荷生. 风电场等值建模及其暂态运行特性研究［D］. 重庆：重庆大学，2010.

［49］ 刘金琨，系统辨识理论及 MATLAB 仿真［M］. 北京：电子工业出版社，2013.

［50］ 陈嘉楠.多台储能系统接入电网及控制方法的仿真建模研究［D］. 北京：北京交通大学，2018.

［51］ 许剑冰，薛禹胜，张启平，等. 电力系统同调动态等值的述评［J］. 电力系统自动化，2006，29.14:91-95.

［52］ 李妍，荆盼盼，王丽，等. 通用储能系统数学模型及其 PSASP 建模研究［J］. 电网技术，2012, 36(1):51.

［53］ 李建林，牛萌，张博越，等. 电池储能系统机电暂态仿真模型［J］. 电工技术学报, 2018, 33(8):1911-1918.

［54］ 李木一. 电池储能提高电网接纳光伏发电能力的建模仿真研究［D］. 北京：中国电力科学研究院，2014.

［55］ 黄珂琪. 电池储能参与电网电压调节的控制策略研究［D］. 长沙：湖南大学，2020.

［56］ 孙毅，顾玮，李彬，等. 面向售电侧改革的用户分层聚类与套餐推荐方法［J］. 电网技术，2018(2).

［57］ 黄韬，刘胜辉，谭艳娜. 基于 k-means 聚类算法的研究［J］. 计算机技术与发展，2011，21(7):54-57.

［58］ 周爱武，于亚飞. K-Means 聚类算法的研究［J］. 计算机技术与发展，2011，21(2):62-65.

［59］ 海沫. 大数据聚类算法综述［J］. 计算机科学，2016，43(s1):380-383.

［60］ 马志云. 电机瞬态分析［M］. 北京：中国电力出版社，1998：121-130.